新文京開發出版股份有限公司

新世紀‧新視野‧新文京 — 精選教科書‧考試用書‧專業參考書

**New Wun Ching Developmental Publishing Co., Ltd.**

New Age · New Choice · The Best Selected Educational Publications — NEW WCDP

第2版
SECOND EDITION

# 感測器

# 原理與應用（含實驗）

## PRINCIPLES AND APPLICATIONS OF SENSORS

羅仕炫・林獻堂 編著

本書初版發行之際尚未出現的 iPhone，標記科技進入一個新的里程碑，人工智慧、自動駕駛、自造教育、物聯網等，已經是普羅大眾耳熟能詳的名詞。其關鍵技術除了廣為熟知的網路與資訊科技外，感測器也扮演不可或缺的角色。

本書出版後，感測器技術也不斷推陳出新，除了初版介紹的元件外，也出現如人體偵測等感測器。且感測器不再只是以個別元件出現，而是整合信號處理單元，甚至無線網路單元，成為可以獨立運作的單元。本書再版加入上述內容，以呼應感測器技術的進步。

初版的實驗內容，某些使用特定實驗裝置，某些已經不合時宜，因此大幅度更新。自造技術的興起，人人都可以動手打造智慧系統。自造使用如 Arduino 或 Raspberry Pi 等，容易取得與上手的資訊平台，搭配各式感測模組，非資訊或工程背景者，也能輕鬆打造具有創意的作品。據此再版的實驗引入 Arduino 平台，並選取十個範例作為實驗標的。讀者可使用坊間容易取得的其它感測模組，自行擴增實驗項目。

隨著科技進步，諸如智慧手機、無人機的應用、智慧車輛，以及物聯網的應用等已經深入生活，要完成以上功能就必須仰賴許多的感測器才能達成，因此本書針對感測器應用範例增加第十三章單元介紹，讓讀者了解其應用領域。

編著者才疏學淺，雖已盡力確保內容正確與完整性，然錯誤與疏失在所難免，敬祈諸位專家不吝給予指教。

編著者 謹識

# 目 錄
CONTENTS

CHAPTER

01

# 概　論

感測器是當代智慧化生活不可或缺的要角之一。

感測器從最初單純轉換物理信號,並以基本信號送出原始數據,逐漸演進到內含信號處理單元,以標準數據格式輸出。迄今,感測器已經不只是單純感測元件,而是包含數位信號處理與資訊處理等智慧功能在內的數據運算元件。

智慧感測器的普及,網路技術的演進,促使以智慧感測器為主體的物聯網(IoT)誕生。互聯網(Internet)是人與人交換資訊的通道,物聯網是智慧感測器與資訊設備交換資訊的通道。物聯網的普及,讓生活更智慧更便利,也進一步推進感測元件的發展。

現代人隨時都有數十個以上的智慧感測元件圍繞身旁,嵌入在智慧手機的感測元件起碼十個起跳。智慧型手錶、智慧型穿戴裝置也不乏各式感測元件。

上世紀 50 年代末出現人工智慧一詞,經過幾十年的演進,終於在這個世紀逐漸成熟,並漸漸融入到生活中。

特別是去年生成式 AI 爆紅,讓 AI 成為最新潮流。

人工智慧的成熟促使 AIoT(Artificial Intelligence of Things)的出現,將人工智慧融入到物聯網基礎設施內,提高物聯網運作效率,提升人機互動與數據管理及分析。

AIoT 一個重要的概念,AI 運算在以感測元件為主體的基本單元(Thing)進行,一般將之稱為邊緣運算(Edge Computing),這可大大提醒系統與網路效應。

傳統 IoT 環境中的每一個基本單元,將感測器信號處理為標準信號格式,透過網路傳送到處理單元,進行後續運算處理,若有需要再將運算後的決策送回基本單元。

這種情況中處理單元是整個系統的瓶頸點,有可能影響整體效能。信號傳遞會增加網路流量,尖峰時段會降低網路速度。

AIoT 環境中的每一個基本單元,嵌入運算與決策能力,可以對所取得的感測信號做信號處理、運算與分析,並進行必要的處置。整個過程有可能完全不需要用到處理單元與網路。

然不論 IoT、AIoT 或未來科技如何創新，感測器所要取得的物裡信號，例如壓力、溫度、流量、位準等依舊不變，因此仍需要了解相關的物裡信號定義，信號處理技術等。

○圖 1.1　感測器方塊圖

感測器是自動化系統中，不可或缺的要角之一。其在自動化系統中所扮演的角色是把受控設備（製程）的現在狀態，告之控制器，以便當成決定輸出信號時之依據。這個工作在傳統人工作業的方式中，是要由人的五官來察覺的，例如由眼睛看水位、光線、位置等，用皮膚感覺溫度等。因此在控制系統中，感測器可以用來取代人類的五官，以感知各種物理量的變化。

基本上，吾人可將感測器(Sensor)定義為：把物理量轉換成可進一步處理的型式（機械或電氣）的一種裝置，而其輸出（轉換後）的信號，可根據工作之需要而送到各式機械或電子裝置上作進一步處理。或者是定義為：用於取代人類的五官的機制或是元件，以便感知外界物理量的變化，並且轉換成可以進一步處理的型式。另一種經常看到的名詞轉換器(Transducer)，則是將針對特定應用所需之機械或電子設備，整合到感測器內，而構成一個單獨之裝置，此裝置即是俗稱的轉換器。而傳送器(Transmitter)是指除了物理量擷取與信號處理之外，另外再加上傳送的功能，以便能將取得的物理量傳送到遠方。

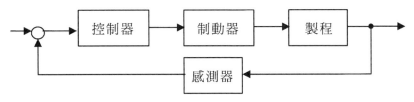

○圖 1.2　感測器在控制系統中的地位

## 1.1 感測器分類

感測器所要量測的物理量有各種不同的型態和特性，例如有固態、液態、氣態等。例如我們可以將由力量（壓力）對於某一個元件產生的形狀變化推導出電阻值的變化，也就是說我們可以經由量測電阻的變化，而得知元件的形變情形，進而推測出壓力的大小。因此我們可以知道感測器的種類非常多。所以為了能更清楚及歸類起見，我們通常會依據某些共通的特性來將感測器作分類。感測器依物理量，內部處理方式，及輸出信號等，可作如下之分類：

依其受到物理量（激源）刺激或影響時，是否能產生電能，可分為：

### 1. 主動式(Active)

### 2. 被動式(Passive)

當受到物理量響影時，會產生電壓或電流的感測器，稱為主動式感測器，常見的例子為量測溫度的熱電偶(Thermocouple)，量測壓力或是力量的壓電元件(Pizeoelectric)，或太陽電池(Solar Cell)等。反之，若受到激源影響時，只會改變其內部特性（如電阻，電容等）的感測器，稱為被動式感測器，例如光敏電阻(Photo Resistor)，電位計等。大部分的感測器都是屬於被動式的感測器，只有少數的感測器能受物理量的影響而產生電能。

若依其量測時，是否需與被測物接觸之情況，可分為：

### 1. 接觸式(Contact)

### 2. 非接觸式(Non-contact)

量測作業進行中，若感測器必須與被測物接觸時，稱為接觸式感測器，這種量測方式是屬於正規的方法。然而若因為環境上的限制，或其他的因素的限制，使得無法與被測物接觸時，只得採用非接觸式量測。例如在鋼鐵廠中，要量測融化的鐵水的溫度時，因為其溫度非常的高，因此若採用接觸法來量測溫度，哪麼感測器也有可能會被融化，因此接觸式的方法是不可行的。這種量測方法在量測精確度上，一般較接觸式差，然而在某些場合中，它是唯一的選擇。

依輸出信號的不同可分為：

### 1. 機械式(Mechanical)

## 2. 電子式(Electrical)

在控制系統中，感測器的輸出信號是要與系統的設定值比較，以決定要送給控制器的輸入信號為何。而大部分的控制器都是電子式的，因此為了方便系統在信號處理方面之事宜，所以感測器的輸出大部分為電子式的。只有少數用在傳統儀表之感測器是使用機械式的輸出。

電子式又可分為數位式(Digital)、類比式(Analog)及脈衝式(Pulse)三種。數位式感測器的輸出只有兩個值，亦即開或關，0 或 1，或有或無等，此等感測器一般是以開關(Switch)的型式輸出。而類比式感測器，其輸出會隨時間而作連續式變化，如圖 1.3 所示。此類輸出一般是作為控制系統中之回授信號。脈衝式感測器其輸出信號，是由一連串的 ON，OFF 或 0，1 信號所組成，其輸出信號一般當成計數(Count)使用。

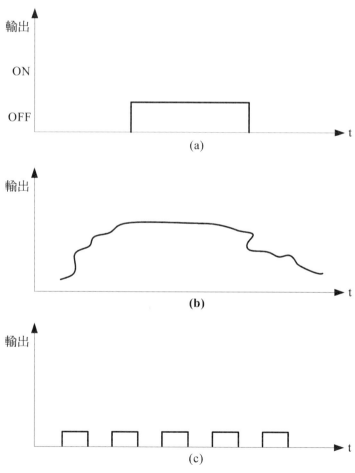

○ 圖 1.3　感測器輸出信號(a)數位式(b)類比式(c)脈衝式

## 1.2 激源或物理量

感測器所量測之物理量稱為感測器之激源(Measurand)，例如對溫度感測器而言，溫度即是其激源。激源的種類包羅萬項，在工業界所使用的感測器中，主要的量測激源有：

1. 溫度(Temperature)
2. 光(Light)
3. 位置(Position)
4. 聲音(Sound)
5. 運動(Motion)
6. 流量(Flow)
7. 力量(Force)
8. 電磁放射(Electromagnetic Radiation)

有關上述各種激源的量測原理及應用要點，在本書其餘章節中將會詳細介紹。

## 1.3 感測器的特性

對於感測器的特性上，吾人可以利用一些方法來評估其性能的好壞，及適用的領域及範圍。本節中，有關的特性及評估方法將會作一簡短的介紹及說明：

### （一）誤差(Error)

在量測過程中，無論採用何種原理或感測元件，總是會有誤差的存在。基本上誤差可分為：

1. **靜態誤差(Static Error)**
2. **動態誤差(Dynamic Error)**

靜態誤差表示激源的測量值不會隨時間變化，此誤差一般是由感測器本身，人為視差，或是環境所造成的誤差，其定義如下：

$$靜態誤差＝測量值－實際值$$

而動態誤差則是激源的測量值與實際值間隨時間變化之誤差。

 **例 1.1** 若某一個馬達之轉速，以轉速表測量時為 1725rpm，而其實際轉速為 1750rpm，請問其靜態誤差為何？

**解** 靜態誤差＝測量值－實際值
＝ $1725 - 1750 = -25$ rpm

## （二）精確度(Accuracy)

精確度定義為靜態誤差對實際值之間比較的百分比值：

$$精確度 ＝（靜態誤差／實際值）*100\%$$
$$＝〔（測量值－實際值）／實際值〕*100\%$$

 **例 1.2** 試問例 1.1 之精確度為何？

**解** $A = ((1725 - 1750)/1750)*100\% = -1.43\%$

## （三）重複性(Repeatability)

重複性是指對同一激源，在相同之量測條件下（同一感測元件，相同環境條件），在不同的時間內，連續量測多次後，測量值的變化情形。重複性越佳的感測器，其可靠度越高。

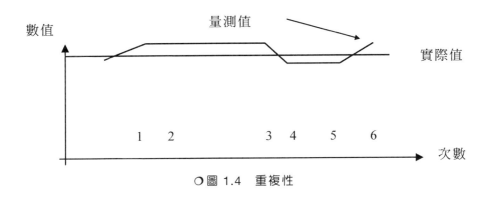

○圖 1.4　重複性

## （四）靈敏度(Sensitivity)

靈敏度表示感測元件對應激源變化時，其輸出響應的能力。可定義為：

靈敏度＝輸出之變化量／激源之實際變化量

輸出變化量一般是以輸出的單位表示，例如度、mm、位元數、角度等表示。

**例 1.3** 若某一個溫度表，在實際溫度變化 3 度時，該表的刻度變化了 2.1 格，試問其靈敏度為何？

**解** 靈敏度＝輸出之變化量／激源之實際變化量＝2.1 格／3 度
　　　＝0.7 格／度

## （五）解析度(Resolution)

解析度是指某一感測元件或設備之最小表示量，或增量(Increment)，例如某一個電壓表，全部刻度有 100 格，而滿刻度可表示 200V，則其解析度為 200/100=2（V／格）。現今大部分電子式感測器的應用上，若其輸出是採用類比式的話，那麼若要將其信號送予如電腦等數位設備處理時，必須將之轉換成可讓數位設備處理之數位信號。而此工作一般是透過類比對數位轉換器(ADC:Analog to Digital Converter)完成。因此目前一般所謂的解析度是指利用數位方式來表示實際類比量時，其最小的表示量而言。數位值是以位元(Bit)為最小單位，1 個位元有 2 個不同的值(0,1)，而 2 個位元有 4 個不同的

表示值(00,01,10,11)，位此類推，n 個位元可表示 $2^n$ 個不同的值。因此吾人便可將量測範圍之值，以 $2^n$ 個不同的值來表示。

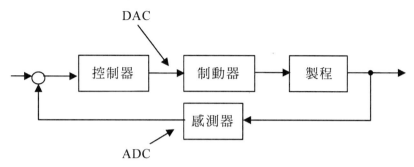

○圖 1.5　控制系統中 ADC 及 DAC 所處的位置

 例 1.4　實際值為 0 到 100°C，則(a)當使用 8 位元 ADC(b)使用 12 位元 ADC 時，其解析度分別為何？

解　(a) 8 位元 ADC，可表元 $2^8 = 256$ 個不同之值

解析度$=100/2^8=0.4$°C／位元

(b) 12 位元 ADC，可表示 $2^{12} = 4096$ 個不同的值

解析度 $= 100/2^{12}=0.024$°C／位元

由此吾人可知，位元數越多，其解析度越高，亦即越能忠實反應出實際值。

## （六）範圍(Range)及展幅(Span)

範圍是用以表示感測器，可以量測的最大值（上限）及最小值（下限），在上、下限範圍內是感測器可正常作業之區域。而展幅是指感測器量測上、下限之差值。

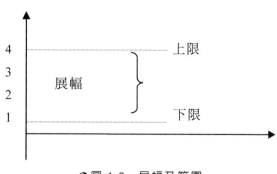

○圖 1.6　展幅及範圍

**例 1.5** 圖 1.6 中範圍及展幅各為何？

**解** 範圍：由上、下限決定，因此為 1 psig 到 4 psig

展幅：為上、下限之差，因此 span＝(4－1)＝3 psig

## （七）直線性(Linearity)

直線性是指激源呈直線式變化時，感測器輸出值與該直線偏離之程度。

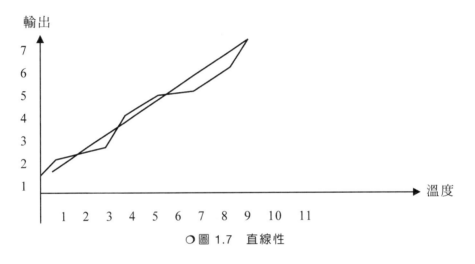

○圖 1.7　直線性

## （八）滯後現象(Hysteresis)

對於一個感測元件，當激源由小到大改變時，所測得之輸出曲線，與激源沿原來上升曲線相反方向回到原點時，所測得之輸出曲線不同時，稱為滯後現象。

## 1.4 感測器使用上之要項

誠如本章先前所提到的，使用感測器的目的之一是要用來取代人類的五官，因此我們總是希望感測器能忠實地反映激源的實際狀態。為了達成此項目的，除了選擇合宜的元件之外，尚有一些可提高感測器性能及可靠度的要項。

##  1.4.1　雜訊處理

由於現今所用之感測元件，大多是以電子式信號輸出，而電子式元件在使用上除了要注意其額定電壓、電流等基本規格外，尚需注意雜訊(Noise)。雜訊對電子信號會產生很大的負面作用，因此基本上應當不可讓雜訊干擾到感測器之信號輸出。雜訊的來源有下列兩大類：

1. **自然雜訊**：例如靜電、雷電流波等。

2. **人為雜訊**：例如配電線路、電機設備等。

對於上述雜訊源，基本上我們無法令其消失，因此能採取的方法是避免受其影響，亦即遠離可能的雜訊來源，例如配電線路，或是大功率馬達、變壓器等重型電機設備，這些都是很大的雜訊源。另外尚可採用遮蔽(Shield)，這種方法可將雜訊阻隔在外，而不會進到感測器內部，或是傳輸線內部。除此之外亦可使用濾波器(Filter)，此濾波器可將電源之雜訊過濾掉。

##  1.4.2　使用要點

感測器的種類繁多，而且其適用範圍亦多有不同，例如用於量測流量之感測元件就不下十種，每種各有其適用的領域，因此在選擇元件時應了解其特性、動作原理、信號處理方式，及適用的場合。感測器使用要點為：

1. 使用最少數量之感測器

2. 安裝地點需易於維修及替換

3. 感測器之壽命應盡可能的長

4. 安裝環境上之注意

感測器在控制系統及一般應用上，大部分是當成回授元件，此回授信號是控制器在下達控制指令時，重要的參考依據，所有其穩定度及可靠度均需優良。然而任何元件均難免會有故障發生的可能性，同時若元件個數增加，則其發生故障的可能性便會加大。基於上述理由，在設計感測器應用系統時，應當儘可能使用最少數量的感測元件，如此不但可以使系統簡潔及節省成本，同時更可減少故障的可能性。

　　另外感測器有些時候，是放置在人不易靠近或無法接地之場所，例如高溫、高污染場合，因此在安裝或後續的維修作業中，我們都希望作業時間能縮短，因此在考慮安裝之場合時，必須顧及到方便性。

## 1.5 電子式感測器的基本偵測方法

　　在電子式感測器中會使用到的基本原理有：

1. 電容式(Capacitive)
2. 電阻式(Resistive)
3. 電感式(Inductive)
4. 磁阻式(Reluctance)
5. 電磁式(Electromagnetic)
6. 光傳導式(Photoconductive)
7. 磁抗式(Magnetostrictive)
8. 光伏打式(Photovoltaic)
9. 電位計式(Potentiometric)
10. 壓電式(Piezoelectric)
11. 應變計式(Strain Gauge)
12. 熱電式(Thermoelectric)

　　上述所介面之各種原理，在本書後面章節中，在相關的元件上均會詳細說明，在本節中吾人只是簡略地列出及說明其基本原理。

### （一）電容式

　　此類元件主是利用電容量的改變，來偵測激源的變化。電容器的基本架構是由兩片可導電的平行板，中間以絕緣材料（稱為介電質）隔開面形成。其示意圖如圖 1.8 所示。此兩金屬板所具有之電容量可用下式表之：

$$C = \varepsilon \frac{A}{d}$$

其中：

C=電容量(F)

$\varepsilon$ =介電常數(F/m)

$\varepsilon = \varepsilon_0 \varepsilon_r$

$\varepsilon_0 = 8.85 * 10^{-12} F/m$

A=電容板面積$(m^2)$

d=兩電容板間之距離(m)

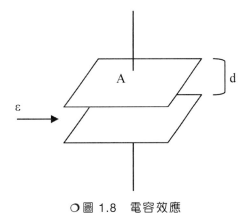

○ 圖 1.8　電容效應

| 材料 | $\varepsilon_r$ |
| --- | --- |
| 真空 | 1 |
| 空氣 | 1.0006 |
| 紙 | 2.5 |
| 雲母 | 5 |
| 玻璃 | 7.5 |

　　由上式吾人可知改變 A, d 或$\varepsilon$之值均可改變電容量，因此若激源的變化會改變上述各項變數之一時，便可藉由適當的方法，得知激源的變量。

## （二）電阻式

　　任何有形體的物體，其所呈現的電阻值，可以用下式表示：

$$R = \rho \frac{l}{A}$$

其中：

R＝電阻(Ω)

ρ＝電阻係數(Ω-m)

l＝長度(m)

A＝面積$(m^2)$

## （三）電感式

根據楞次定律(Len's Law)，吾人得知當線圈上之電流發生變化時，會有一個感應電壓產生，以阻止或反抗電流之改變，這種情形稱為自感(Self-Inductance)，或是稱為電感(Inductance)。利用這種原理所製成之元件稱為電感器(Inductor)，電感的基本公式如下所示：

$$L = \frac{N^2 \mu A}{l}$$

其中：

L＝電感量(H)

N＝匝數

A＝鐵心迴圈的內面積$(m^2)$

l＝長度(m)

$\mu$＝導磁係數(Wb/At-m)

## （四）磁阻式

由永久磁鐵或電磁線圈所建立起之磁力是以磁通量(Flux)表示，如同電路中的電流一般，磁通量的大小係以韋伯(Wb:Weber)表示。在電路中有電阻會阻礙電流之通過，同樣地在磁路中亦有磁阻會干擾磁通量的通過，也就是說磁通尋找磁阻最小的路徑通過，磁阻基本上可以下式表示：

$$R = \frac{1}{\mu A}$$

其中：

R＝磁阻(At/Wb)

l＝長度(m)

A＝面積$(m^2)$

μ＝導磁係數(Wb/A-m)

　　導磁係數會依材料的不同，而有所不同，例如空氣、木材等的磁阻便會比如銅、鐵等金屬物質高，利用磁阻的變化以偵測激源改變的典型元件為差動變壓器(Differential Transformer)。

## （五）電磁式

　　由法拉第感應定律(Faraday's Law of Induction)可以得知，若一導體在某一磁場內移動，而產生切割磁場之效應時，在導體兩端便會感應出一個電壓，而且此電壓與磁場之大小及移動的速度成正比，此關係式可以下式表示：

$$E = BLV$$

其中：

　　　　$E$＝感應電壓$(V)$

　　　　$B$＝磁通密度$(Wb/m^2)$

　　　　$L$＝導體長度$(m)$

　　　　$V$＝相對運動速度$(m/sec)$

　　由上式吾人可知，此類元件在勿需有外部電源之下，便可利用相對運動來感應電壓，而經由測得此電壓之改變，以得知激源的變化。

## （六）光傳導式

　　光傳導式元件是利用某些特殊材料（特別是固態材料），受到外部光線（激源）照射時，其內部的電阻值會隨著照射在其上的光線強度，成比例改變之特性，而作成之感測元件。利用此種方法製成之元件有光敏電阻，光二極體及光電晶體等。

## （七）磁抗式

　　某些材料遇到磁場時，其內部的電阻值會改變，此種效應稱為磁阻，利用此種特性製成的感測元件有磁式編碼器。

## （八）光伏打式

具有此種特性的元件，是利用兩種不同的材料作成接合面，當光線照射到此一接面時，材料兩端會產生一個與光度成比例的電壓，此即為光伏打效應。

## （九）電位計式

電位計即為俗稱之可變電阻，基本上是以一帚(Wiper)在電阻元件上，當成分壓元件，透過取得電阻上之分壓值，而得知激源的變化。

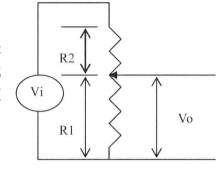

$$Vo = Vi\frac{R1}{R1+R2}$$

## （十）壓電式

某些材料例如石英等晶體，當材料被擠壓時，壓力導致晶體形狀的改變，於是在表面上便會產生一個電壓，具有此種特性的材料稱為壓電性材料。在日常生活中，最為常見的壓電性材料例子可能是唱片撥放機中，唱針所使用的陶瓷材料。

## （十一）應變計式

具有形狀的導體，其所具有的電阻值在前面已經介紹過，此電阻值是與導體的長度成正比，而與截面積成反比。若使用外力使得這個導體產生變形，這個變形的情況會導致電阻值的改變，因此我們只要測得電阻值的變化量，透過適當的物理演算式，便可以得知使電阻值變化之力量的大小。此為應變計的基本原理，應用的場合如荷重元(Load Cell)。

除了日常生活中會使用到感測器之外，在其他領域中使用感測器的情形也是非常的普遍，例如工業、商業、醫學、農業等。由於感測器的種類形形色色，而且在各個領域的應用也不盡相同，因此我們無法在書中道盡所有的內容，我們將以工業上使用到的感測器的介紹為主。

## 1.6　感測器的應用

　　感測器在各種應用領域中都扮演著重要角色，它們可以檢測和量測物理、化學或生物現象，並將這些數據轉化為有用的數據。

　　各行各業、民生、居家、醫療等都受惠於感測器的普及。以下舉出幾個應用領域。

　　工業是感測器早期主要應用的場域，特別是連續性生產的製程。感測器在工廠自動化中用於監測和控制生產過程，例如測量溫度、壓力、流量、位準等，以確保生產的品質和安全。

　　農業不再靠天吃飯，智慧農業可以提高產量與品質。感測器顆可以測量土壤中的濕度、pH 值、養分含量和溫度等參數。這些數據可用於確定最佳種植時間、施肥需求和灌溉計畫，以提高農作物生長效率。也可以監測氣象資訊，例如測量氣溫、風速、降水量等氣象參數，以協助農民做出適當的決策。

　　二十年前智慧家庭是富豪才得以擁有的居住空間，由於感測器與運算裝置的普及，即便是普通人也可以輕而易舉地建構智慧家庭。例如透過智能燈泡、智能插座、智能門鎖等，民眾可以通過手機 APP 控制家居設備。溫度感測器和濕度感測器可以監測室內環境，自動調整暖通空調系統。配備監視攝像機和移動感測器，用於保護家庭免受入侵和盜竊。當偵測到可疑活動時，可以觸發警報並向屋主發送通知。也可以透過智慧煙霧偵測器提高家庭的安全性，並在發生火災時發出警報。

　　汽車也受惠於感測器的普及，讓行車更安全。例如跟安全性息息相關的胎壓偵測器，側邊來車偵測器，碰撞偵測器等駕駛熟悉的感測器，雨滴感測器，光照偵測器等。配備輔助駕駛系統的車輛，擁有更多的感測器。

　　交通也受惠於感測器的普及，特別是影像感測器以及後端的影像處理系統。例如民眾已經習以為常的高速公路收費、停車場出入口的車牌自動辨識系統。讓車流更順暢的流量與車速偵測等。

　　上述介紹只是其中幾個例子，更多的例子隨處可見。

　　隨著需求的提高與更智慧化的系統整合，感測器的角色會更形重要，更多樣化，也更加智慧化，甚至整合基本的運算單元在感測模組內。

　　本書最後一章介紹更多感測器的應用實例。

## 1.7 微機電系統

現代感測器技術的發展，很大一部分拜微機電系統技術成熟所賜。

MEMS 全名為 Micro Electro Mechanical Systems，中文翻譯為微機電系統，將電子、機械、光學等整合為一特殊功能的系統元件。

顧名思義，微機電系統是將電子與機械技術融合，在微米尺度上製造機械元件和系統。MEMS 主要是使用積體電路製造技術，包含沉積技術、在矽基版上覆蓋所需材料、利用微影技術將設計內容製作在基板上、再利用蝕刻技術產生設計內容等。換言之，MEMS 系統是利用微電子技術在微米尺度上製造機械元件，然後利用電子電路控制和驅動這些機械元件。例如馬達是常見的電機機械，一般人也了解其外觀，但也可以使用 MEMS 技術生產用於消費性電子的微型馬達。

電子設備尺度越來越精巧，卻有越來越多的功能融入其中，這都是拜微機電技術的普及所賜。現代人手一支的智慧手機，就有不少內建 MEMS 元件，例如微麥克風、加速度計、陀螺儀等。數位相機的鏡頭控制，防手震等元件也是使用 MEMS 技術。

MEMS 系統的工作原理是利用微電子技術在微米尺度上製造機械元件，然後利用電子電路控制和驅動這些機械元件。

MEMS 一詞大約在 1980 年代中期正式出現。美國物理學家理察・費曼，1959 年在加州理工學院的演講中，提出在原子尺度上操縱物質的可能性，開啟了 MEMS 的濫觴。1979 年貝爾實驗室製造第一個以 MEMS 生產的壓力感測器。

MEMS 早期以機械應用為主，目前擴展大各個領域，包含光電、醫學、民生消費電子等。

## 習題

1. 何謂主動式與被動式感測器？

2. 請說明感測器(Sensor)、轉換器(Transducer)與傳送器(Transmitter)三者的異同處。

3. 實際值為 0~50°C 的溫度值，當使用(a)1 位元(b)14 位元 ADC 時，其解析度分別為何？

4. 雜訊的來源有哪些，又如何避免雜訊的干擾？

5. 感測器使用的要點為何？

6. 某一個電容器，其極板面積為 $2m^2$，極板間之距離為 0.1m，介質為空氣，試求電容值為多少？

MEMO

CHAPTER

# 02

# 信號處理與校正

## 2.1 感測器校正

感測器所取得之物理量的大小,例如溫度值、壓力值等,經由透過相關原理轉換之後,會以不同的型式輸出,例如電阻值、電壓值或是電流值等。因此在感測器的輸入和輸出處分別使用不同的單位,前者稱為工程單位(EU:Engineering Unit),後者稱為量測單位(MU:Measurement Unit)。工程單位代表的是實際物理量所使用的單位,而量測單位代表感測器所提供適合給後端信號處理單元,作進一步處理之單位。例如某一個溫度感測器,可以量測 0 到 100°C,而以 0 到 5V 代表可能量測的溫度範圍,此時工程單位便是°C,而量測單位為 V。

工程單位與量測單位之間有對應的關係,通常我們會以解析度來代表這一個量,以前面所舉的例子為說明:

$$\frac{MU}{EU} = \frac{5-0}{100-0} = 0.05\,{}^{V}\!/\!_{C}$$

由於工程單位與量測單位之間有時並非呈現直線性的關係,因此感測器通常都需要將工程單位與量測單位之間的關係,列出對應的關係圖,並且定期做校正。而此校正後的表格,在應用時可以使用,通常在使用這些關係表時,有下列方式:

1. 使用者採查表方式查閱
2. 將此校正表輸入到電子式儀表中,以作自我轉換
3. 將此校正表存入到 ROM 中,以供計算機自動查表

## 2.2 感測器信號

感測器與電腦之間所使用的標準信號有:

$$\text{數位:}\begin{cases} \text{TTL (5V)} \\ \text{24V DC} \\ \text{12V DC} \end{cases}$$

$$
\text{類比：}
\begin{cases}
0 - 5\ \text{V} \\
0 - 10\text{V} \\
\pm\ 10\text{V} \\
0 - 20\text{mA} \\
4 - 20\text{mA}
\end{cases}
$$

感測器的其他名稱有轉換器(Transducer)及傳送器(Transmitter)等。若感測器作這樣的分類時，則感測器一般是指感測原件，也就是取得物理量的單元。若是將此取得的物理量予以作進一步的信號處理(Signal Conditioning)，而且將這個信號處理部分與感測器原件放在同一個封裝之內，則將之稱為轉換器。另外若感測器除了有信號處理單元之外，再加上遠方傳送的能力時，則稱為傳送器。而信號的種類有數位與類比兩種。

數位式感測器的輸出信號，可以分成直流準位信號與乾接點兩種。直流準位輸出依據信號處理單元的型式，可以有不同的準位，例如 TTL(5V)，12V DC 或是 24V DC 等。而乾接點則是不帶電的接點。

而類比信號的種類則大致上可以分為電壓與電流兩種，這兩種信號電腦皆無法直接處理，必須要透過適當的轉換裝置轉換之後，電腦才可以處理，下面將要介紹這些轉換裝置。

## 2.3 信號處理

電子式感測器通常是當成閉迴路控制系統的回授元件，或是當成數位式顯示元件的輸出信號。在這種組態中感測器的輸出是類比信號，而控制系統或是數位顯示元件需要的是數位信號，因此感測器的類比信號需要轉換成數位信號。另外數位控制系統做完控制演算並且將之輸出時，是以數位的型式輸出，而接收此輸出信號的控制元件可能需要的是類比信號，因此在此需要進行數位對類比之轉換。

此外感測器的感測元件取得物理量之後，通常都需要作信號轉換、修整及放大等工作，然後才以標準的型式（例如 0~5V）輸出。這些作業通常是利用電子電路或是運算放大器完成。

因此在本節的篇幅中，我們將分別介紹基本的運算放大器電路、類比對數位轉換器、數位對類比轉換器等，讓各位對這一部分有基本的認識。

## 2.3.1 數位對類比轉換器
### (DAC:Digatl to Analog Converter)

二進位加權(Weighted)電阻式 D/A

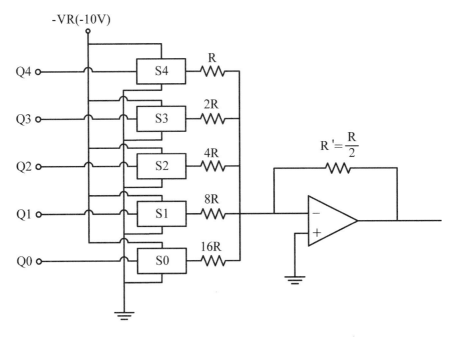

$$V0 = [Q4.\frac{R'}{R} + Q3.\frac{R'}{2R} + Q2.\frac{R'}{4R} + Q1.\frac{R'}{8R} + Q0.\frac{R'}{16R}]VR$$

$$V0 = [16Q4 + 8Q3 + 4Q2 + 2Q1 + Q0]\frac{VR}{32}$$

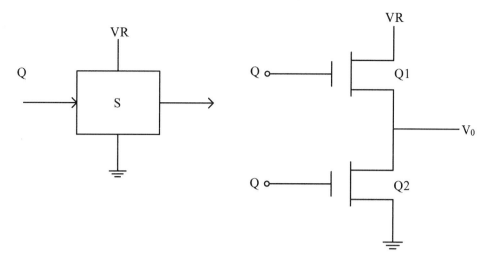

## （一）階梯式(Ladder) D/A

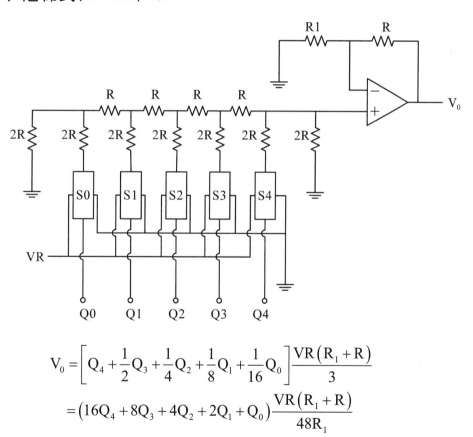

$$V_0 = \left[ Q_4 + \frac{1}{2}Q_3 + \frac{1}{4}Q_2 + \frac{1}{8}Q_1 + \frac{1}{16}Q_0 \right] \frac{VR(R_1 + R)}{3}$$

$$= \left( 16Q_4 + 8Q_3 + 4Q_2 + 2Q_1 + Q_0 \right) \frac{VR(R_1 + R)}{48R_1}$$

## （二）反階梯式 D/A

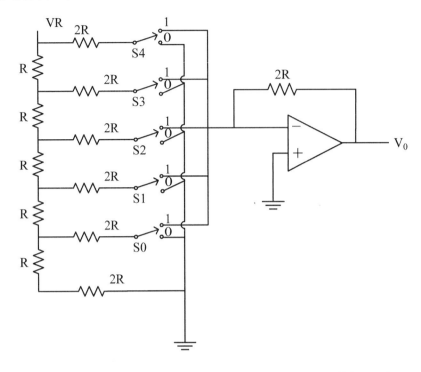

$$V_0 = \left[ Q_4 VR + \frac{Q_3}{2} VR + \frac{Q_2}{4} VR + \frac{Q_1}{8} VR + \frac{Q_0}{16} VR \right] \left( -\frac{2R}{2R} \right)$$

$$= \left( 16Q_4 + 8Q_3 + 4Q_2 + 2Q_1 + Q_0 \right) \left( -\frac{VR}{16} \right)$$

## 2.3.2 類比對數位轉換器
## (ADC: Analog to Digital Converter)

### （一）計數型(Counting) A/D 轉換器

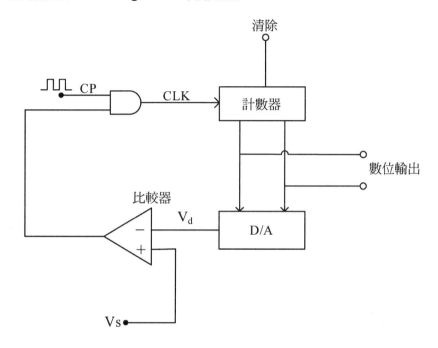

這一種 A/D 轉換器是由一個計數器、D/A 轉換器及比較器所組成。CP 信號與比較器的輸出作 AND 運算，並且將輸出當成計數器的輸入。一開始由於比較器的 $V_d$ 為 0，因此小於正端的類比輸入 $V_s$，所以比較器的輸出為高電位，在此情況下 CP 會持續地供應予計數器的 CLK 端，計數器的輸出一方面當成數位輸出值，另一方面供應予 D/A 以便轉成類比值與輸入電壓作比較，當 $V_d$ 的值大於 Vs 時，比較器的輸出立刻轉態為低位準，而 AND 閘的輸出便鎖住在 0，導致計數器停止計數，此時的數位輸出值，便是類比輸入的對應數位值。

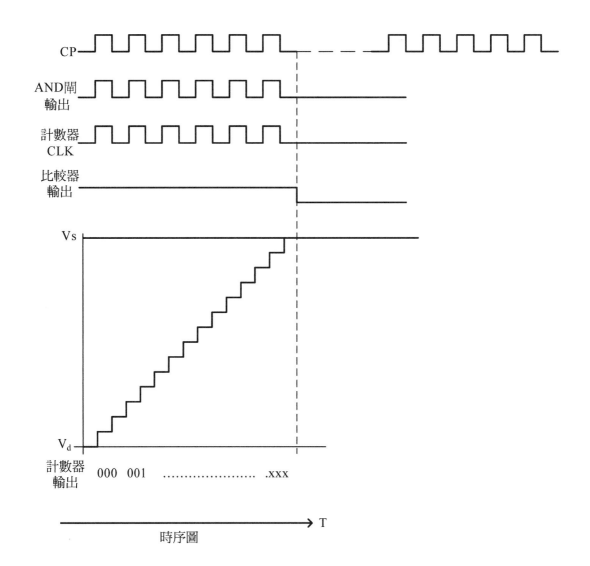

時序圖

## （二）連續逼近式(Successive-Approximation) A/D 轉換器

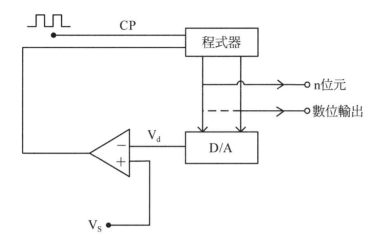

以程式器控制首先設定最高位元為 1（其餘為 0），此時若比較器輸出為正，則代表 Vs>V$_d$，此舉代表 V$_S$ 值比最高位元是 1，其餘位元是 0 的數位值還要大，所以將最高位元設為 1，否則改設為 0，接者將次高位元設為 1（以下的位元全設為 0），然後重複上面的步驟。其餘的位元則遵循上述的步驟進行，直到最低位元完成設定為止。

例如要以 4 個位元的二進制代表 0-5V 的類比值，則每一個二進位值所能表示的類比值為 5/16V，若 Vs 為 3V，則：

1. 首先設最高位元為 1 其餘為 0，則 1000 所對應之 V$_d$ =5/16*8=2.5V 小於 Vs，故將最高位元設為 1。

2. 其次設定次最高位元為 1，則 1100→ V$_d$=5/16*12=3.7V>Vs，故改設為 0。

3. 其次設定下一個位元為 1，則 1010→ V$_d$ =5/16*10=3.1V>Vs，故改設為 0。

4. 其次設定下一個位元為 1，則 1001→ V$_d$ =5/16*9=2.81V<Vs，保持為 1。

5. 所以 3V 對應之數位值為 1001。

## （三）平行比較式(Parallel Comparator) A/D 轉換器

$VN_7=7/8VR$　　$VN_6=6/8VR$　　$VN_5=5/8VR$　　$VN_4=4/8VR$　　$VN_3=3/8VR$

$VN_2=2/8VR$　　$VN1=1/8VR$

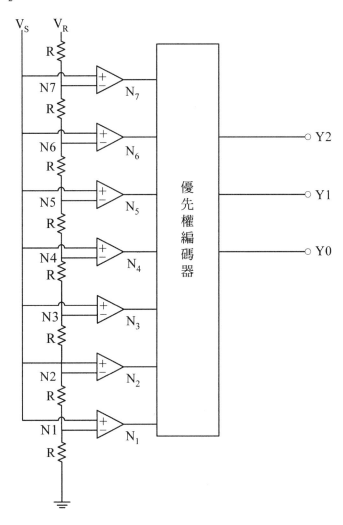

$V_R$ 為參考電壓

$V_S$ 為輸入電壓

| W7 | W6 | W5 | W4 | W3 | W2 | W1 | Y2 | Y1 | Y0 |
|----|----|----|----|----|----|----|----|----|----|
| 0 | 0 | 0 | 0 | 0 | 0 | 0 | 0 | 0 | 0 |
| 0 | 0 | 0 | 0 | 0 | 0 | 1 | 0 | 0 | 1 |
| 0 | 0 | 0 | 0 | 0 | 1 | 1 | 0 | 1 | 0 |
| 0 | 0 | 0 | 0 | 1 | 1 | 1 | 0 | 1 | 1 |
| 0 | 0 | 0 | 1 | 1 | 1 | 1 | 1 | 0 | 0 |
| 0 | 0 | 1 | 1 | 1 | 1 | 1 | 1 | 0 | 1 |
| 0 | 1 | 1 | 1 | 1 | 1 | 1 | 1 | 1 | 0 |
| 1 | 1 | 1 | 1 | 1 | 1 | 1 | 1 | 1 | 1 |

　　平行比較式 A/D 為速度最快的 A/D 轉換器，但對於相同位元輸出的 A/D 來說，其所需要之比較器為 $2^n$（n 為位元數），在實用上太不經濟。

## （四）雙斜率 A/D 轉換器

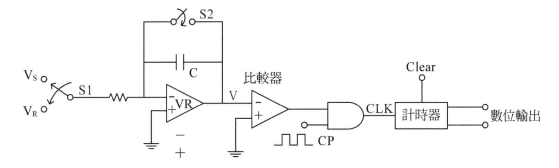

　　量測之前先將 S2 開關，S1 沒接通使得電容 C 將電放掉，此時 V=0。T=T1 時，S1 接通 $V_S$，而 S2 則打開，使得 $V_S$ 得以對 C 充電。而因為積分器的輸出 V 接到比較器的反相輸入端，而且 V<0 所以比較器的輸出端為高位準，此舉會促使 CP 的脈衝信號持續地送到計數器的 CLK 接腳。計數器受到 CLK 的激勵便會持續地由 0 開始計數，直到最大值然後轉態為 0 為止，這個轉態的動作會使得 S1 切換到 $V_R$（此時 T=T2）。因 $V_R$ 為負電壓值，而且 $|V_R|>V_S$，因此會使得電容放電，直到 V=0 為止，此時由於比較器的輸出

轉為低位準,所以計數器停止計數值 (T=T3),此時的數位值即為代表 $V_S$ 的數位值。

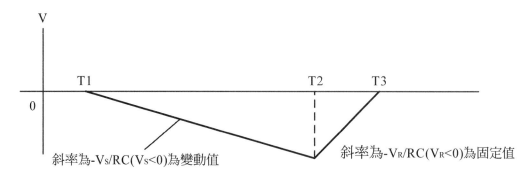

在這種 A/D 中,由 T1 到 T2 充電期間,其斜率是由 $-V_S/RC$ 所決定,而因為 $V_S$ 的值會變,所以斜率也會改變,但是因為充電之 RC 時間為固定所以 T2 之值不會改變。而由 T2 到 T3 之間的斜率 $-V_R/RC$,因為 $V_R$ 為定值所以斜率會固定,但是 T2 會改變。而數位輸出值就是由 T2 到 T3 之間,計數器所累積的計數值,因此若 T3 越大,則可以得到越大的計數值。

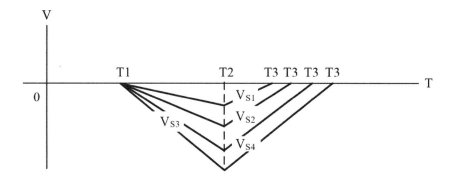

## 2.4 放大器

### 2.4.1 負回授放大電路

（一）非反向放大電路

如下圖所示,$i_1 = i_2$

1. 因為 $V_a = V_b$ 為虛短路，$i_1 = \dfrac{V_0 - V_a}{R_1} = \dfrac{V_0 - V_b}{R_1} = \dfrac{V_0 - V_i}{R_1}$

2. $i_2 = \dfrac{V_a}{R_2} = \dfrac{V_i}{R_2} \rightarrow \dfrac{V_0 - V_i}{R_1} = \dfrac{V_i}{R_2} \rightarrow R_2 V_0 = V_i(R_1 + R_2)$

3. 則 $\dfrac{V_0}{V_i} = \dfrac{R_1 + R_2}{R_2}$，放大倍率為 $1 + \dfrac{R_1}{R_2}$，因此放大倍率由負回授電阻 $R_1$

   及 $R_2$ 決定，在應用上非常廣泛。

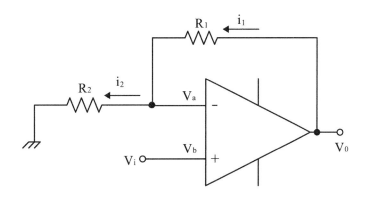

## （二）反向放大電路

如下圖所示，$i_1 = i_2$

1. 因為 $V_a = V_b = 0$，為虛短路，$i_2 = \dfrac{V_i}{R_2}$

2. $i_1 = \dfrac{V_a - V_0}{R_1} \rightarrow i_1 = \dfrac{0 - V_0}{R_1} = \dfrac{-V_0}{R_1}$

3. 因 $i_1 = i_2$，則 $\dfrac{-V_0}{R_1} = \dfrac{V_i}{R_2} \rightarrow \dfrac{V_0}{V_i} = -\dfrac{R_1}{R_2}$，放大倍率為 $-\dfrac{R_1}{R_2}$

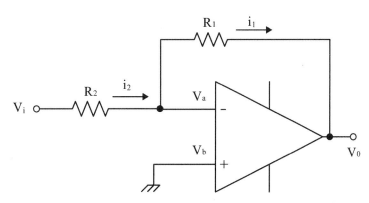

## （三）電壓隨耦器

如下圖所示，若 $R_2=\infty$，$R_1=0$，則放大倍率 $V_0=V_i$，如圖所示，輸出電壓隨輸入電壓變化，且 $V_0=V_i$ 故稱之電壓隨偶器，電壓隨偶器輸入阻抗很大，輸出阻抗很小，放大倍率為 1。

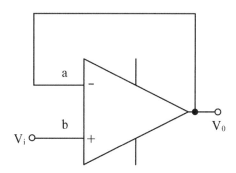

## （四）差動放大器

如下圖所示，$i_1 = i_2$

1. 因為 $V_a = V_b$ 為虛短路，$i_1 = \dfrac{V_1 - V_a}{R_2} = \dfrac{V_1 - V_b}{R_2}$

2. $i_2 = \dfrac{V_a - V_0}{R_1} = \dfrac{V_b - V_0}{R_1}$

3. 因為 $V_b = V_2 \dfrac{R_1}{R_1 + R_2}$，$i_1 = i_2 \rightarrow \dfrac{V_1 - V_b}{R_2} = \dfrac{V_b - V_0}{R_1}$

4. $R_1(V_1 - V_b) = R_2(V_b - V_0) \rightarrow R_1 V_1 + R_2 V_0 = V_b(R_1 + R_2)$

   $\rightarrow R_1 V_1 + R_2 V_0 = V_2 \dfrac{R_1}{R_1 + R_2}(R_1 + R_2) \rightarrow V_0 = \dfrac{R_1}{R_2}(V_2 - V_1)$

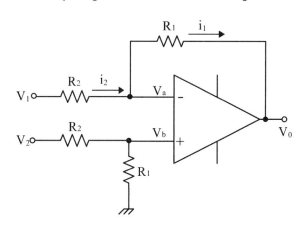

## （五）電流轉電壓轉換器

如下圖所示，因為 $V_a = V_b$ 為虛短路，$V_a=V_b=0(V)$，所以 $V_0 = -i_1 R_1$

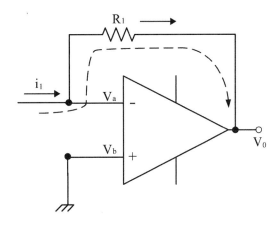

## （六）電壓轉電流轉換器

如下圖所示，因為 $V_a = V_b$ 為虛短路，$V_a=V_b=V_i$

1. $i_1 = i_2$

2. $i_1 = \dfrac{V_0 - V_b}{R_1} = \dfrac{V_0 - V_i}{R_1}$

3. $i_2 = \dfrac{V_a}{R_2} = \dfrac{V_i}{R_2}$ ，可以用 $i_2 = \dfrac{V_i}{R_2}$ 計算可以得到輸出電流對應輸入電壓

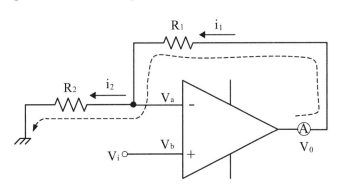

## （七）積分電路

如下圖所示，因為 $V_a = V_b$ 為虛短路，$V_a=V_b=0(V)$

電流 $i=\dfrac{V_i}{R}=C\dfrac{dV_c}{dt}$ ， $V_0=-\dfrac{1}{C}\int idt = -\dfrac{1}{C}\int\dfrac{V_i}{R}dt=-\dfrac{1}{RC}\int V_i dt$

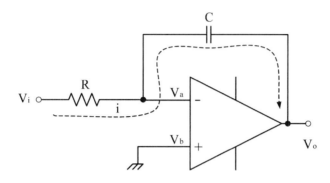

## （八）微分電路

如下圖所示，因為 $V_a = V_b$ 為虛短路，$V_a=V_b=0(V)$

電流 $i=\dfrac{dQ}{dt}=C\dfrac{dV_i}{dt}$ → $V_0=-i_R=-RC\dfrac{dV_i}{dt}$

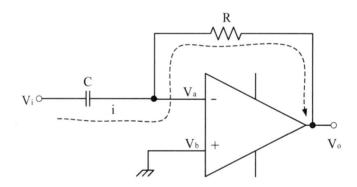

## （九）惠斯頓電橋電路

如下圖所示

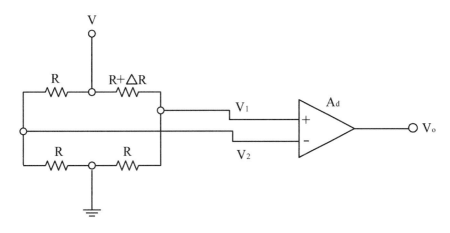

$$V_2 = \frac{V}{2}$$

$$V_1 = RV / (R+\triangle R+R) = V/(2+\delta) \quad （令 \delta = \triangle R / R）$$

$$V_0 = Ad(V_1-V_2) = Ad(1/(2+\delta) - 1/2)V$$

$$= [-AdV/4(1+\delta/2)] \delta$$

若 $\delta <<1$　則　$V_0 \fallingdotseq (-AdV / 4) \delta$

習 題

1. 請說明連續逼近式 A/D 轉換器的工作原理。並且說明以 8 個位元的二進制代表 0~5V 時,若輸入電壓 Vs 為 3.2V,輸出的數位信號為何?

2. 在一般 A/D 轉換器中的 D/A 轉換器和比較器的作用為何?

3. 何謂工程單位與量測單位?

4. 在本章之電橋電路中,若 Ad= 10,R= 100Ω,ΔR= 5Ω,V= 10V,求 $V_0$?

CHAPTER

03

# 溫度量測

　　溫度代表物質內能的高低，對理想氣體而言，其內能理論上是溫度的函數與其他變數無關，高溫體與低溫體接觸其能量是由高溫體傳至低溫體。在自然界中當能量轉換，或是某一種物體與其他物體進行熱交換時，其能力之大小是以溫度(Temperature)表示。

　　溫度值大小的表示單位，除了日常生活中常會用到的攝氏及華式之外，另外也有兩種在科學上經常用的的單位，這四種單位的定義如下：

## 1. 攝氏溫度 (Centigrade Temperature Scale)

　　以水在一大氣壓下的凝固點溫度定義為 $0°C$，沸點溫度 $100°C$ 兩點之間等分為 $100$ 度。

## 2. 華氏溫度 (Fahrenheit Temperature Scale)

　　以水在一大氣壓下凝固點溫度定義為 $32°F$，沸點溫度為 $212°F$，其間等分為 $180$ 度。

## 3. 凱氏溫度 (Kelvin Temperature Scale)

　　定義氣體分子的理論上靜止不動時的溫度定義為 $0°K$，而其溫度間隔與攝氏溫度標相同。

## 4. 雷氏溫度 (Rankine Temperature Scale)

　　定義氣體分子理論上靜止不動時的溫度為 $0°R$，而其溫度間隔與華氏溫度相同。

　　各種標度間之轉換公式如下：

$$°C = (°F - 32) * \frac{5}{9}$$

$$°F = (\frac{9}{5} * °C) + 32$$

$$°K = °C + 273$$

$$°R = °F + 460$$

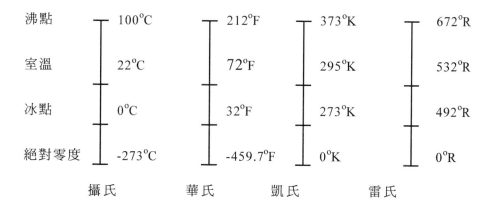

沸點 | 100°C | 212°F | 373°K | 672°R

室溫 | 22°C | 72°F | 295°K | 532°R

冰點 | 0°C | 32°F | 273°K | 492°R

絕對零度 | -273°C | -459.7°F | 0°K | 0°R

攝氏　　　　華氏　　　　凱氏　　　　雷氏

　　溫度是最常需要量測的物理量之一，在各種場合中都可以看到形形色色的溫度量測裝置。也由於溫度量測應用的廣泛性，所以溫度感測器的形式也很多。

　　而溫度量測是要藉用某些感測元件，經由測量激源溫度之變化，而得知其熱能的變化量。而量測的方法可採用直接與熱源接觸，或使用熱輻射方式在遠端不與熱源直接接觸的方式進行之。

　　溫度感測依據所用到的測量原理可分成接觸式與非接觸式兩種。若吾人讓兩個處於熱平衡狀態下的兩個不同物體接觸，則處於較高溫狀態下的物體的熱量，便會流向（移動）到較低溫的物體上，直到兩者的溫度一致為止，此即為接觸法的基本測量方法。而非接觸法的量測方法，基本上是基於任何物體均有輻射量，而且此量與物體本身之溫度有一定的關係，因此經由測得該輻射量，即可得知物體的溫度。表 3.1 為此兩方法之比較。

**□ 表** 3.1 **接觸法與非接觸法之比較**

| | 接觸法 | 非接觸法 |
|---|---|---|
| 測定方法 | 激源與感測元件必須接觸，而且兩者接觸時，實用上激源的溫度不可發生變化 | 檢測出被測對象之幅射，因此需要看的見被測對象 |
| 溫度範圍 | 1000°C 以下之溫度 | 測 1000°C 以上溫度容易，但 1000°C 以下之溫度誤差大 |
| 精度 | 0.5~1.0% | 2~3°C |
| 響應 | 1~2 Min. | 2~3 Sec. |

本章所要探討的溫度感測元件有熱電偶，電阻式溫度偵測器、熱敏電阻、半導體式溫度感測器，及非接觸式溫度感測器等，另外也會介紹數種傳統的溫度感測器。下表說明各類型溫度感測器所感測溫度範圍。

| 各類型溫度感測器種類 | | 感測溫度範圍 |
|---|---|---|
| 熱敏電阻溫度感測器 | NTC 負溫度係數 | 50°C ~ +400°C |
| | PTC 正溫度係數 | 50°C ~ +150°C |
| | CTR 負溫度係數 | 0°C ~ +150°C |
| 電阻式溫度感測器 | 鉑(PT100、PT50) | 180°C ~ +600°C |
| | 銅測溫電阻體 | 0 ~ +200°C |
| | 鎳測溫電阻體 | 20°C ~ 300°C |
| IC 溫度感測器(AD590) | | 50°C ~ +150°C |
| 雙金屬溫度感測器 | | 0°C ~ +300°C |
| 酒精溫度計 | | 60°C ~ +100°C |
| 水銀溫度計 | | 30°C ~ +350°C |
| 熱電偶 | T type | 200°C ~ +350°C |
| | J type | 0°C ~ +750°C |
| | E type | 200°C ~ +900°C |
| | K type | 200°C ~+1250°C |
| | R type | 0°C ~ +1450°C |
| | S type | 0°C ~ +1450°C |

## 3.1 熱電偶

熱電偶(Thermocouple)是一種主動式的溫度感測器，這種溫度感測器當與被測物接觸時會產生電壓，此電壓稱為溫差電勢，因為這個電勢是由溫度差所造成的。熱電偶是源於十九世紀的科學家席貝克所發現的席貝克效應（1821 年）。席貝克當時以鉍與銅兩種不同的金屬在一端接合而另一端開放，然後在接合的一端予以加熱，結果他發現了在開放的兩端產生了微量的電壓，而且該電壓值約略正比於溫度值。

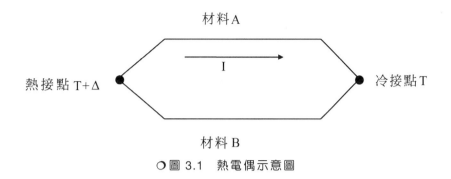

○圖 3.1　熱電偶示意圖

　　根據席貝克效應之敘述，兩種不同的金屬導體，把兩端結合，在其中一端加熱，便會有電流在閉合的迴路中通過，造成這種電流的電力稱為溫差電勢。此電勢是由兩端的溫差所造成，根據均質迴路定律(Law of the Homogeneous Circuit)在單一均質的金屬導線兩端的溫差電勢，只與兩端點之溫度有關，而與其形狀以及導線中間溫度無關，因此，若將一端之溫度保持固定，那麼吾人便可根據溫差電勢之大小來測量另一端點之溫度，利用這種方法所製造的測溫元件稱為熱電偶(Thermocouple)。在熱電偶的兩個接合點中，固定溫度的一端稱為基準接點或冷接點(Cold Junction)，而另一端與激源（熱源）接觸之接點則稱為測溫接點或熱接點(Hot Junction)。

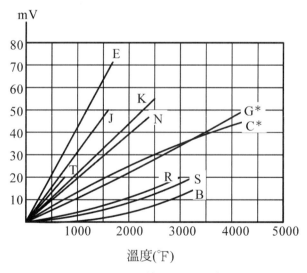

○圖 3.2　熱電偶的型式

在實用上會拿來當成熱電偶使用材料的金屬，需要能滿足下列條件：

1. 溫差電勢要夠大。

2. 在長時間使用下，其輸出要穩定且消耗少。

3. 同一種型號之熱電偶，其特性要一致，亦即要具有互換性。

4. 要能耐溫，耐腐蝕，且其機械性能要良好。

基於上述之考量，常使用來當成熱電偶的材料有康銅(Constantan)、銅(Cu)、鐵(Fe)、鉑(pt)等。

□表 3.2　常用之熱電偶

| 符號 | 材　　　　料 | | 溫度範圍 |
|---|---|---|---|
| | 正　　極 | 負　　極 | |
| T | 銅(Cu) | 康銅 | –200~350°C |
| J | 鐵(Fe) | 康銅 | 0~750°C |
| E | 克烙美（烙鐵合金） | 康銅 | –200~900°C |
| K | 克烙美（烙鐵合金） | 鎳錳合金 | –200~1250°C |
| R | 鉑(Pt) | 含 13% 銠之鉑 | 0~1450°C |
| S | 鉑(Pt) | 含 10% 銠之鉑 | 0~1450°C |
| B | 含 6% 銠之鉑 | 含 3% 銠之鉑 | 800~1700°C |

○圖 3.3　熱電偶外型圖

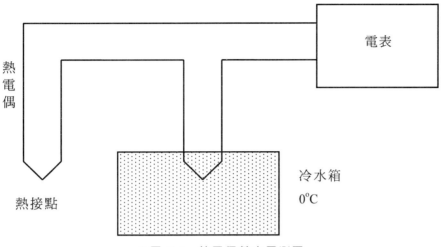

○圖 3.4　熱電偶基本量測圖

　　一般熱電偶的溫差電勢均以冷接點為 0°C，然後以便量測因熱接點受熱源影響所產生之溫差電勢，如圖 3.4 所示。然而在實用上這是不可行的。有關這個問題的解決方法，吾人先行探討所謂中間溫度定律(Law of Intermediate Temperature)。這個定律提出兩種不同金屬接合處因不同溫度所產生之溫差電勢，為同一不同金屬迴路上所有溫差電勢之和。例如參考表 3.3 之 J 型（鐵－康銅）熱電偶，若以圖 3.4 的方法接線，且溫度為 100°C，吾人查表 3.3 得知 J Type 在 100°C 時溫差電勢為 4.277mV。若吾人在冷熱接點間再加入 1 個熱電偶，設其溫度為 25°C，如圖 3.5 所示。吾人發現電壓表仍然指示 4.277mV。然而 J Type 在 25°C 時之電壓應為 0.992mV，那表示 100°C 與 25°C 之間存有 4.277−0.992=3.285mV 之電壓，此電壓即由 100°C 與 25°C 間之溫差所造成之溫差電勢。

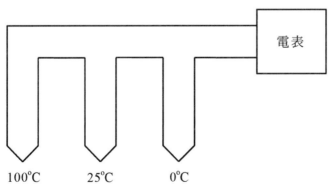

○圖 3.5　插入一個 25°C　TC 後之組態

　　若吾人把 0°C 之熱電偶拿走，則如圖 3.6 之組態，那麼其電壓讀值應為 3.285mV。因此吾人得知若把 100°C 與 25°C 間之溫差電勢(3.285mV)加上 25°C 與 0°C 間之溫差電勢(0.992mV)即可到 4.277mV。此即為中間溫度定律之意義。

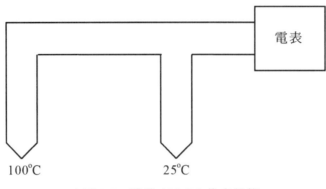

○ 圖 3.6　移除 0°C TC 後之組態

 例 3.1　有一個 J Type 熱電偶，在週圍溫度為 30°C 下量測某一熱源，吾人以此週溫為冷接點之參考溫度，而得到 15.20mV 之電壓讀值，試問該熱源之實際溫度為何？

**解**　首先由表 3.3 得知 30°C 之溫度其 V=1.196mV
　　再將之加上表之讀值 1.196mV+15.20mV=16.396mV
　　由表 3.3 得知　16.396mV ≒ 326°C

## □ 表 3.3　J Type　熱電偶轉換表

| °C | 0 | 1 | 2 | 3 | 4 | 5 | 6 | 7 | 8 | 8 | 10 | °C |
|---|---|---|---|---|---|---|---|---|---|---|---|---|
| | | | | 溫差電勢(mV) | | | | | | | | |
| -270 | -6.258 | | | | | | | | | | | -270 |
| -260 | -6.232 | -6.236 | -6.239 | -6.242 | -6.245 | -6.248 | -6.251 | -6.253 | -6.255 | -6.256 | -6.258 | -260 |
| -250 | -6.181 | -6.187 | -6.193 | -6.198 | -6.204 | -6.209 | -6.214 | -6.219 | -6.224 | -6.228 | -6.232 | -250 |
| -240 | -6.105 | -6.114 | -6.122 | -6.130 | -6.138 | -6.146 | -6.153 | -6.160 | -6.167 | -6.174 | -6.181 | -240 |
| -230 | -6.007 | -6.018 | -6.028 | -6.039 | -6.049 | -6.059 | -6.068 | -6.078 | -6.087 | -6.096 | -6.105 | -230 |
| -220 | -5.889 | -5.901 | -5.914 | -5.926 | -5.938 | -5.950 | -5.962 | -5.973 | -5.985 | -5.996 | -6.007 | -220 |
| -210 | -5.753 | -5.767 | -5.782 | -5.793 | -5.809 | -5.823 | -5.836 | -5.850 | -5.863 | -5.876 | -5.889 | -210 |
| -200 | -5.603 | -5.619 | -6.634 | -5.650 | -5.665 | -5.680 | -5.695 | -5.710 | -5.724 | -5.739 | -5.753 | -200 |
| -190 | -5.439 | -5.456 | -5.473 | -5.489 | -5.489 | -5.506 | -5.539 | -5.555 | -5.571 | -5.587 | -5.603 | -190 |
| -180 | -5.261 | -5.279 | -5.297 | -5.315 | -5.135 | -5.333 | -5.369 | -5.387 | -5.404 | -5.421 | -5.439 | -180 |
| -170 | -5.049 | -5.089 | -5.109 | -5.128 | -5.128 | -5.147 | -5.186 | -5.205 | -5.223 | -5.242 | -5.261 | -170 |
| -160 | -4.865 | -4.886 | -4.907 | -4.928 | -4.928 | -4.948 | -4.989 | -5.010 | -5.030 | -5.050 | -5.069 | -160 |
| -150 | -4.648 | -4.670 | -4.693 | -4.715 | -4.737 | -4.737 | -4.780 | -4.801 | -4.823 | -4.844 | -4.865 | -150 |
| -140 | -4.419 | -4.442 | -4.466 | -4.489 | -4.512 | -4.535 | -4.556 | -4.581 | -4.603 | -4.626 | -4.648 | -140 |
| -130 | -4.177 | -4.202 | -4.226 | -4.251 | -4.275 | -4.299 | -4.323 | -4.347 | -4.371 | -4.395 | -4.419 | -130 |
| -120 | -3.923 | -3.949 | -3.974 | -4.000 | -4.026 | -4.051 | -4.077 | -4.102 | -4.127 | -4.152 | -4.177 | -120 |
| -110 | -3.656 | -3.684 | -3.711 | -3.737 | -3.764 | -3.791 | -3.816 | -3.844 | -3.870 | -3.897 | -3.923 | -110 |
| -100 | -3.378 | -3.407 | -3.435 | -3.463 | -3.491 | -3.519 | -3.547 | -3.574 | -3.602 | -3.629 | -3.656 | -100 |
| -90 | -3.089 | -3.118 | -3.147 | -3.177 | -3.026 | -3.235 | -3.264 | -3.293 | -3.321 | -3.350 | -3.378 | -90 |
| -80 | -2.788 | -2.818 | -2.849 | -2.879 | -2.909 | -2.939 | -2.970 | -2.999 | -3.029 | -3.059 | -3.089 | -80 |
| -70 | -2.475 | -2.507 | -2.539 | -2.570 | -2.602 | -2.633 | -2.664 | -2.695 | -2.726 | -2.757 | -2.788 | -70 |
| -60 | -2.152 | -2.185 | -2.218 | -2.250 | -2.283 | -2.315 | -2.348 | -2.380 | -2.412 | -2.444 | -2.475 | -60 |
| -50 | -1.819 | -1.853 | -1.886 | -1.920 | -1.953 | -1.987 | -2.020 | -2.053 | -2.087 | -2.120 | -2.152 | -50 |
| -40 | -1.475 | -1.510 | -1.544 | -1.579 | -1.614 | -1.648 | -1.682 | -1.717 | -1.751 | -1.785 | -1.819 | -40 |
| -30 | -1.121 | -1.157 | -1.192 | -1.228 | -1.263 | -1.299 | -1.334 | -1.370 | -1.405 | -1.440 | -1.475 | -30 |
| -20 | -0.757 | -0.794 | -0.830 | -0.867 | -0.903 | -0.940 | -0.976 | -1.013 | -1.049 | -1.085 | -1.121 | -20 |
| -10 | -0.383 | -0.421 | -0.458 | -0.496 | -0.534 | -0.571 | -0.608 | -0.646 | -0.683 | -0.720 | -0.757 | -10 |
| 0 | 0.000 | -0.039 | -0.077 | -0.116 | -0.154 | -0.193 | -0.231 | -0.269 | -0.307 | -0.345 | -0.383 | 0 |

| °C | 0 | 1 | 2 | 3 | 4 | 5 | 6 | 7 | 8 | 9 | 10 | °C |
|---|---|---|---|---|---|---|---|---|---|---|---|---|
| 0 | 0.000 | 0.039 | 0.078 | 0.117 | 0.156 | 0.195 | 0.234 | 0.273 | 0.312 | 0.351 | 0.391 | 0 |
| 10 | 0.391 | 0.430 | 0.470 | 0.510 | 0.549 | 0.589 | 0.629 | 0.669 | 0.709 | 0.749 | 0.789 | 10 |
| 20 | 0.789 | 0.830 | 0.870 | 0.911 | 0.951 | 0.992 | 1.032 | 1.073 | 1.114 | 1.155 | 1.196 | 20 |
| 30 | 1.196 | 1.237 | 1.279 | 1.320 | 1.361 | 1.403 | 1.444 | 1.486 | 1.528 | 1.569 | 1.611 | 30 |
| 40 | 1.611 | 1.653 | 1.695 | 1.738 | 1.780 | 1.822 | 1.865 | 1.907 | 1.950 | 1.992 | 2.035 | 40 |
| 50 | 2.035 | 2.078 | 2.121 | 2.164 | 2.207 | 2.250 | 2.294 | 2.337 | 2.380 | 2.424 | 2.467 | 50 |
| 60 | 2.467 | 2.511 | 2.555 | 2.599 | 2.643 | 2.687 | 2.731 | 2.775 | 2.819 | 2.864 | 2.908 | 60 |
| 70 | 2.908 | 2.953 | 2.997 | 3.042 | 3.087 | 3.131 | 3.176 | 3.221 | 3.266 | 3.312 | 3.357 | 70 |
| 80 | 3.357 | 3.402 | 3.447 | 3.493 | 3.538 | 3.584 | 3.630 | 3.676 | 3.721 | 3.767 | 3.813 | 80 |
| 90 | 3.813 | 3.859 | 3.906 | 3.952 | 3.998 | 4.044 | 4.091 | 4.137 | 4.418 | 4.231 | 4.277 | 90 |
| 100 | 4.277 | 4.432 | 4.371 | 4.418 | 4.465 | 4.512 | 4.559 | 4.607 | 4.654 | 4.701 | 4.749 | 100 |
| 110 | 4.749 | 4.794 | 4.844 | 4.891 | 4.939 | 4.987 | 5.035 | 5.083 | 5.131 | 5.179 | 5.227 | 110 |
| 120 | 5.227 | 5.275 | 5.324 | 3.372 | 5.420 | 5.469 | 5.517 | 5.566 | 5.615 | 5.663 | 5.712 | 120 |
| 130 | 5.712 | 5.761 | 5.810 | 5.859 | 5.908 | 5.957 | 6.007 | 6.056 | 6.105 | 6.155 | 6.204 | 130 |
| 140 | 6.204 | 6.254 | 6.303 | 6.353 | 6.403 | 6.452 | 6.302 | 6.552 | 6.602 | 6.652 | 6.702 | 140 |

□表 3.3　J Type　熱電偶轉換表（續）

| °C | 0 | 1 | 2 | 3 | 4 | 5 | 6 | 7 | 8 | 8 | 10 | °C |
|---|---|---|---|---|---|---|---|---|---|---|---|---|
| | | | | | 溫差電勢(mV) | | | | | | | |
| 150 | 6.702 | 6.753 | 6.803 | 6.853 | 6.093 | 6.954 | 7.004 | 7.055 | 7.106 | 7.156 | 7.207 | 150 |
| 160 | 7.207 | 7.258 | 7.309 | 7.360 | 7.411 | 7.462 | 7.513 | 7.564 | 7.615 | 7.666 | 7.718 | 160 |
| 170 | 7.718 | 7.769 | 7.821 | 7.872 | 7.924 | 7.795 | 8.027 | 8.079 | 8.131 | 8.183 | 8.235 | 170 |
| 180 | 8.235 | 8.287 | 8.339 | 8.391 | 8.443 | 8.495 | 8.548 | 8.600 | 8.652 | 8.705 | 8.757 | 180 |
| 190 | 8.757 | 8.810 | 8.863 | 8.915 | 8.968 | 9.021 | 9.074 | 9.127 | 9.180 | 9.233 | 9.286 | 190 |
| 200 | 9.284 | 9.339 | 9.392 | 9.446 | 9.499 | 9.553 | 9.606 | 9.659 | 9.713 | 9.747 | 9.820 | 200 |
| 210 | 9.820 | 9.874 | 9.928 | 9.982 | 10.036 | 10.090 | 10.144 | 10.198 | 10.252 | 10.306 | 10.360 | 210 |
| 220 | 10.360 | 10.414 | 10.469 | 10.523 | 10.578 | 10.632 | 10.687 | 10.741 | 10.796 | 10.851 | 10.905 | 220 |
| 230 | 10.905 | 10.960 | 11.015 | 11.070 | 11.125 | 11.180 | 11.235 | 11.290 | 11.345 | 11.401 | 11.456 | 230 |
| 240 | 11.456 | 11.511 | 11.568 | 11.622 | 11.677 | 11.733 | 11.788 | 11.844 | 11.900 | 11.956 | 12.011 | 240 |
| 250 | 12.011 | 12.067 | 12.123 | 12.179 | 12.235 | 12.291 | 12.347 | 12.403 | 12.459 | 12.515 | 12.572 | 250 |
| 260 | 12.572 | 12.628 | 12.684 | 12.741 | 12.797 | 12.854 | 12.910 | 12.967 | 13.024 | 13.080 | 13.137 | 260 |
| 270 | 13.137 | 13.194 | 13.251 | 13.307 | 13.364 | 13.421 | 13.478 | 13.535 | 13.592 | 130.650 | 13.707 | 270 |
| 280 | 13.707 | 13.764 | 13.821 | 13.879 | 13.936 | 13.993 | 14.051 | 14.108 | 14.166 | 14.223 | 14.281 | 280 |
| 290 | 14.281 | 14.339 | 14.396 | 14.454 | 14.512 | 14.570 | 14.628 | 14.686 | 14.744 | 14.802 | 14.860 | 290 |
| 300 | 14.860 | 14.918 | 14.976 | 15.034 | 15.092 | 15.151 | 15.209 | 15.267 | 15.326 | 13.384 | 15.443 | 300 |
| 310 | 15.443 | 15.501 | 15.560 | 15.619 | 15.677 | 15.736 | 15.795 | 15.853 | 15.912 | 15.562 | 16.030 | 310 |
| 320 | 16.030 | 16.089 | 16.148 | 16.207 | 16.266 | 16.325 | 16.384 | 16.444 | 16.503 | 16.562 | 16.621 | 320 |
| 330 | 16.621 | 16.681 | 16.740 | 16.800 | 16.859 | 16.919 | 16.978 | 17.038 | 17.097 | 17.157 | 17.217 | 330 |
| 340 | 17.217 | 17.277 | 17.336 | 17.396 | 17.456 | 17.516 | 17.576 | 17.636 | 17.696 | 17.756 | 17.816 | 340 |
| 350 | 17.816 | 17.877 | 17.937 | 17.997 | 18.057 | 18.118 | 18.178 | 18.238 | 18.299 | 18.359 | 18.420 | 350 |
| 360 | 18.420 | 18.480 | 18.541 | 18.602 | 18.662 | 18.723 | 18.784 | 18.845 | 18.905 | 18.966 | 19.027 | 360 |
| 370 | 19.027 | 19.088 | 19.149 | 19.210 | 19.271 | 19.332 | 19.393 | 19.455 | 19.516 | 19.577 | 19.638 | 370 |
| 380 | 19.638 | 19.699 | 19.761 | 19.822 | 19.883 | 19.945 | 20.006 | 20.068 | 20.129 | 20.191 | 20.252 | 380 |
| 390 | 20.252 | 20.314 | 20.376 | 20.437 | 20.499 | 20.560 | 20.622 | 20.684 | 20.746 | 20.807 | 20.869 | 390 |
| 400 | 20.869 | | | | | | | | | | | |
| °C | 0 | 1 | 2 | 3 | 4 | 5 | 6 | 7 | 8 | 9 | 10 | °C |

　　熱電偶用來保持冷接點固定溫度的方法，除了上述用冷水法之外，尚有電橋法及加熱法兩種。其中電橋法是以熱敏電阻構成之惠斯頓電橋，用來補償因為接點溫度變化所造成之電壓變化，而加熱法是以加熱控制器用以保持參考接點溫度之方法。

　　熱電耦所產生的溫差電勢，理論上直接連接到轉換電路最為理想，然而常因測量環境需將距離拉長，使得回路上受各種因素的干擾引起誤差，降低準確度。解決此一問題，採用和熱電耦相同材質或溫度電勢特性極近似之成對金屬導線（亦必須外加絕緣、被覆），以銜接熱電耦冷接點與轉換電路，並補償冷接點端子由於溫度變化所產生的誤差，此種導線稱為補償導線。

## 3.2 電阻式溫度檢知器

　　吾人知道一般金屬之電阻會受溫度之影響，而成一定比例之變化，在本節中所介紹的電阻式溫度檢知器(RTD:Resistance Temperature Detector)主要是以純金屬導線纏繞且有正溫度係數之材料而言。所謂的正溫度係數是指溫度上升時，導體之電阻亦會上升而言。為什麼當溫度上升時，電阻會上升呢?有關這個問題吾人可以從溫度和能量的觀點來看：

$$E = (1.5)*K*T \dots\dots\dots\dots\dots\dots\dots\dots\dots\dots\dots\dots (3\text{-}1)$$

其中：

E=熱能(J)

K=波茲曼常數 $1.38*10^{-23}$ J/K

T=絕對溫度($0°K$)


　　在絕對零度($0°K$)時金屬的分子沒有能量，因此會固定不變，當有電流通過時，由於電子受到碰撞或干擾的機會低，因此會非常容易地通過導體（沒有任何阻力），若溫度大於 $0°K$ 時，金屬的分子有了能量便會擾動，因此會對流動中的電子造成干擾或阻力，而且溫度越高分子震動的越厲害，阻力便越大，這個阻力便是電阻。

　　導體所具有之電阻與其形狀及材料種類之間的關係可以下式表示：

$$R = \rho \frac{l}{A} \dots\dots\dots\dots\dots\dots\dots\dots\dots\dots\dots\dots (3\text{-}2)$$

其中：R=電阻(Ω)

　　　　l=導體之長度(m)

　　　　A=導體之截面積($m^2$)

　　　　ρ=導體材料之電阻係數(Ω-m)

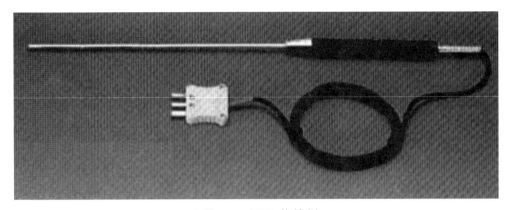

○圖 3.7　RTD 的範例

在此有一點需特別注意到的是，上述的式子是假設溫度是在 20°C 時，所求出之電阻值，若周圍溫度有改變時，需修正為：

$$R_t = R_0(1+ \alpha\ T) \dots\dots\dots (3\text{-}3)$$

其中：$R_t$ 表示溫度在 t°C 時之電阻值

　　　$R_0$ 表示溫度在 20°C 時之電阻值

　　　$\alpha$ 電阻之溫度係數 (1/°C)

　　　T 表示現在溫度與 20°C 間之差 (T=t-20)

由 3-3 式中吾人可以看出溫度變化，對於某一個材料之電阻值的影響。藉由量測電阻值的變化就可以求出溫度值，這就是 RTD 的工作原理。

□表 3.4　常見之溫度係數值（α）

| 材料 | $\alpha$ |
| --- | --- |
| 銅 | 0.0038 |
| 鉑 | 0.0039 |
| 鎢 | 0.0045 |
| 鎳 | 0.0067 |

例 3.2　假設某一個銅導線在 20°C 時電阻值為 100Ω，請問當電阻變成 138Ω 時，溫度值是多少。

解　由表 3.4 中可以得知銅的溫度係數為 0.0038，將此值帶入 3-3 式中，得

$$R_t = R_0(1+ \alpha T)$$
$$138=100(1+0.0038T)$$
$$T=100°C$$
$$t=20+T=120°C$$

## 3.2.1　RTD 量測電路

依惠斯頓電橋(Wheatstone Bridge)之定義，當 $R_1*R_4=R_2*R_3$ 時 $I=0$，因此吾人對於待測之 $R_4$（RTD 之電阻），只要調整 $R_3$ 之電阻值，直到 $I=0$ 時，即可由 $R_4=R_2*R_3/R_1$ 而求得，進而推測得溫度值。

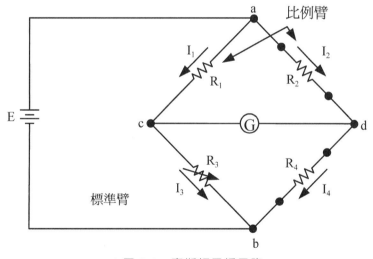

○圖 3.8　惠斯頓電橋電路

然而由 RTD 到電橋電路的引線（$RL_1$ 及 $RL_2$）也具有電阻值，因此會對 RTD 電阻的量測產生干擾。

## （一）二線式

若將圖 3.8 中的 $R_4$，以 RTD 電阻 RX 及導線 $RL_1$ 與 $RL_2$ 取代，則當電橋平恆時 $R_2/R_1=(RL_1+RL_2+Rx)/R_3$，由此吾人可以知道導線之電阻 $RL_1,RL_2$ 已經對量測造成干擾，應當想辦法消除這個影響。

其中的一個方法是在電橋接 RTD 臂之另一臂上加上一個等效於導線電阻之等效電阻($RL_3$)，藉以消除其影響。

## （二）三線式

在這種組態之下，$RL_1$ 和 $RL_2$ 會互相抵消，而且在平恆時 $RL_3$ 上亦沒有電流通過。因此可以消除導線電阻之效應。一般的 RTD 是採用這種方法連接。

## （三）四線式

在需要極端靈敏電阻偵測的場合，可以使用四線式 RTD，利用這種組態可以得到極佳的精確度。

RTD 一般所使用的電阻線是以鉑(Pt)製成，稱為 Pt100，其表示該 RTD 在 0°C 時電阻為 100Ω。RTD 的一般外形如圖 3.7 所示。其他常用的 RTD 材料有銅、鎳等。

## 3.3 熱敏電阻

法拉第效應敘述，某些材料具有負溫度係數，也就是說溫度越高，電阻越小，利用此種效應作出來的電阻稱為熱敏電阻(Thermistor)。

熱敏電阻是由半導體材料所製成，因此有別於先前介紹用導體所做成之 RTD 及熱電偶。熱敏電阻大約是在 1940 年代開發出來，早先是用在實驗室的量測上，不過隨著半導體製造技術的提升，以及價格日趨低廉，現今已大量且廣泛的應用在家電產品及一般民生用品上。熱敏電阻的外形如圖 3.9 所示。

○ 圖 3.9　熱敏電阻

　　熱敏電阻依其電阻隨溫度變化之特性大致可分成下列三種，其特性曲線如圖 3.10 所示：

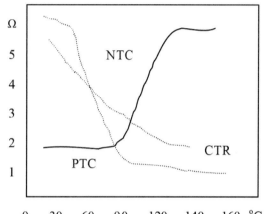

○ 圖 3.10　各式熱敏電阻的特性

1. NTC(Negative Temperature Co-efficient)：此類元件的電阻值會隨著溫度的上升而下降，也就是具有負溫度係數，一般的熱敏電阻就是指此類的元件。

2. PTC(Positive Temperature Co-efficient)：此類元件的電阻值在溫度達到某一個溫度時（稱為居禮溫度）會隨著溫度的上升而急劇上升，也就是具有正溫度係數。

3. CTR(Critical Temperature Resistor)：具有負溫度係數，當溫度達到某一個溫度時（稱為居禮溫度），電阻會隨著溫度的上升而急劇下降。

　　由上面之介紹吾人得知熱敏電阻之電阻對溫度之曲線並非線性，因此實用上應當用一些電路之方法，將之修正之。

　　在單純只是量測溫度的應用上，大量使用了熱敏電阻。雖然熱敏電阻有非線性輸出特性之缺失，然而吾人可以利用簡單的電路或是將此特性曲線之值以表格之形式儲存在韌體(Firmware)中，便可輕易地將此非線性情況消除。

## 3.4 非接觸式溫度量測

在某些應用場合，接觸式溫度量測的方法並不可行，其可能的原因：

1. 溫度太高。
2. 無法接近熱源。
3. 遠方測量。

此時便需要用到非接觸式溫度量測，常用到的非接觸式溫度量測有：

1. 光學式高溫計。
2. 紅外線高溫計(Infrared Pyrometer)。
3. 輻射高溫計(Radiation Pyrometer)。

 ### 3.4.1 光學高溫計

光學高溫計是利用輻射強度與波長的關係，將未知之高溫體與已知高溫體之顏色相比較，當完全一致時，即可認為兩者溫度相同，而比較顏色的工作可以人類肉眼或儀器擔任。但因肉眼可感覺之顏色差有其極限值，一般在 780°C（約 1400°F）或更高溫，亦有其最高值約在 3480°C。除此之外，另一種為紅外線式，利用待測物所放射之紅外線與一已知強度之紅外線比較可得知待測物的溫度。

○圖 3.11　光學式高溫計

## 3.4.2　輻射高溫計

輻射式高溫計的原理，根據 Stefan-Boltzmann （史蒂芬－波茲曼）輻射定律，在理想狀況下：

$$E = \sigma\,(Tb^4 - Tr^4) \quad\text{................................................................ (3-4)}$$

其中：E　＝　黑體接收之能量

　　　　Tb ＝　放射體之溫度（黑體，Black Body）

　　　　Tr ＝　接收體之溫度

　　　　$\sigma$　＝　係數

但一般物理並不是純黑體，而稱之為灰體，此灰體所放出之能量與黑體所放之能量比，可以一係數 e（輻射係數）表示，由上式亦可知高溫計測量值與溫度之四次方成一關係式。

另外，在絕對零度以上物體之熱輻射能量與溫度間，具如下之關係：

當此物體為黑體時，由溫度 T[°K]物體所輻射波長 λ 之單位波長能量 $W_\lambda$，即可由下之 Planck 熱輻射式表示：

$$W_\lambda = 3.74 \times 10^4 \times \lambda^{-5} \times \left[ \exp\left( \frac{1.44 \times 10^4}{\lambda\,T} - 1 \right) \right]^{-1} \left[ W \cdot cm^{-2} \cdot \mu\,m^{-1} \right]$$

相反地，若知輻射能量，則可逆算黑體之溫度。一般物質並非黑體，故上式需乘以因材料、表面狀態而定之輻射率 $\eta$（$0 < \eta < 1$），亦即為其矯正值。

輻射式高溫計可分全波域式(Broad Band)、單波域式(Single Band Pass)與比例式(Ratio)。全波域式高溫計是最簡易的型式，可測範圍：0°C ～ 3000°C。單波域式高溫計，即以某一波長為測定標的，例如玻璃溫度的測量選 3.8 μ 以上之光線，以避免「看穿」待測物，測到其他物體的溫度。比例式（或雙波長式）高溫計，即同時測量待測物之兩種波長之放射量，假如物體對此兩波長的 e 值相同，則可互相抵消。同時此型高溫計可避免待測物與感應器間、灰塵、煙、霧所產生的誤差。

　　由輻射高溫計的原理可知測量儀器本身的溫度會影響測量所以必須加以控制及補償。一般高溫計都無法與史蒂芬－波茲曼方程式完全吻合，所必須實際實驗加以校正。

###  3.4.3　紅外線式高溫計

　　紅外線感測器中，熱電堆與熱溫感測器，被稱為熱型元件，為檢出因入射紅外線能量，而使元件自身之溫度上昇之方式。相對地，半導體紅外線感測器被稱為量子型，因紅外線能量之超過半導體之能帶隙(Band Gap)，而使載子產生電動勢及阻抗變化。

　　檢測被測定物所輻射出之紅外線量的溫度測定方式，稱為高溫紅外線感測器。自然界存在物，可因本身的溫度，而放出紅外光。由 Planck 的黑體輻射定理，可知溫度高之物體，會放出短波長之紅外光，溫度低的則放出長波長之紅外光。相反地若測知其紅外光，則可求得對象物的溫度。

　　紅外線感測器可分為量子型與熱型二種。量子型式如 Pbs，HgCdTe 等半導體，使射入光的光子能量產生激發電子，並使導電率變化，或檢測出電動勢。熱型是根據黑體輻射之原理，因吸收紅外線能量，而產生溫度變化。

###  3.4.4　焦電式高溫計

　　有些非中心對稱的物質，比如某些焦電晶體或高分子材料，在某臨界溫度之下（在物理上稱居禮溫度，Curie Temperature），其某一軸或某一對稱軸方向上，將會顯示存在內部電場的現象。其中電場來源於內部微結構（如分子及晶粒）的電偶極矩之取向一致或部分一致。其內部微結構的電偶極矩取向一致的程度（偏極化），在受到熱聲子振動的破壞隨溫度升高而加劇，亦即分子熱運動使偶極矩排列的程度減小。這樣的物質我們稱為焦電物質(Pyroelectric or Ferroelectric Material)。

　　在熱電物質中，最靈敏的材料為硫酸三鈦(TGS)，但它的居禮溫度太低為 49°C。最常用的材料是鍶酸鉛，它的居禮溫度為攝氏幾百度。

　　一般這些物質為絕緣的，在其上下端需各蒸鍍一個電極，在內部電場的作用下，上下電極上將產生表面電荷。若溫度改變，則電場也隨之改變，這改變的電場將會在外電路上產生電流。

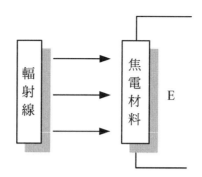

## 3.5 機械式溫度量測元件

### （一）玻璃球溫度計

1. 18 世紀由 Cabriel Fahrenheit 發明

2. 應用範圍−200°F～600°F(−129～326°C)

    （最高−321°F～1100°F 或−196～593°C）

3. 優點：(1)便宜

    (2)容易應用

4. 缺點：(1)不容易讀取測量值

    (2)限於就地測量與讀取

5. 不適用於溫度刻烈變化或有振動的場所

### （二）雙金屬溫度計

1. 利用金屬受熱膨脹，及不同金屬膨脹係數不同之原理所製成。當 A、B 兩種具有不同膨脹係數的金屬黏接在一起，若受溫度影響產生形變時，由於兩者膨脹係數不同，就會產生彎曲，此彎曲量和溫度成比例關係。

2. 應用範圍−80～800°F(−62～427°C)

3. 優點：(1)便宜

    (2)易應用

    (3)耐用

4. 缺點：(1)相對準確度 2%～5%

    (2)限於現場指示用

 **半導體式溫度量測**

理論上，對於 p-n 接面的二極體而言，其電壓 V 和電流 I 的關係可以表示如下：

$$I = I_O \left( e^{V/\lambda V_T} - 1 \right)$$

其中：I 表示順向電流

　　　V 表示偏壓電壓

　　　n 對於鍺而言是 1，而矽則是 2

　　　$V_T$ 表示溫度的電壓值

　　　$I_O$ 逆向飽和電流

　　　$V_T = T / 11600$，其中 T 的單位是 °K

由此式可以看出在固定的偏壓下，I 會隨著溫度作變化。若再進一步將之整理且進一步求解可以得知

$$\frac{dv}{dt} \fallingdotseq -2.2 \text{ mv/°C}$$

此式表示當溫度上升時，$\dfrac{dv}{dt}$ 會下降。

因此我們可以利用 p-n 接面二極體的這個特性來進行溫度的測量。

◎ AD 590

AD 590 是半導體溫度感側元件，它將感測到的溫度轉換成電流源形式輸出。AD 590 具有下列的特性：

1. 測量的溫度範圍：$-55°C \sim 150°C$

2. 轉換率：$1\mu A / °K$

3. 線性度佳

4. 電源電壓範圍大：$-4V \sim +30V$，所加電源電壓在這範圍內，AD 590 的感測特性不會改變。

　　由於 AD 590 為電流源轉換型態輸出，將 AD 590 串接上一精確的 $10k\Omega$ 電阻如圖 3.12 所示，則 $10k\Omega \times 1\mu A/°K = 10mV/°K$，電阻兩端電壓即以每°K 作 10mV 的轉換，必須注意的是，10 k$\Omega$ 需要十分精確，以免影響溫度轉換後的準確度，而且續接的電路必須注意輸入阻抗的負載效應問題。

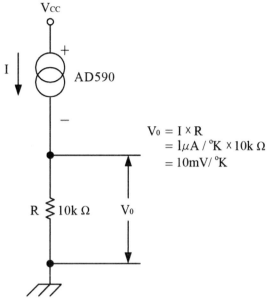

$$V_0 = I \times R$$
$$= 1\mu A / °K \times 10k\Omega$$
$$= 10mV/°K$$

○圖 3.12　AD 590 轉換為 l0mV/°K 輸出

## 3.7 選擇溫度計時，應注意到之要項

1. 量測精度的需要。

2. 量測範圍的考量。

3. 量測位置及方便性的考量。

4. 放置感測器的環境上之考量。

5. 價格考量。

　　對溫度量測造成誤差的可能來源：

1. 感測器對熱源所造成干擾而影響溫度計本身的精度。

2. 感測器的反應速度。

3. 感測器安裝不當所造成之誤差。

4. 保護管使用不當所造成之誤差。

習題

1. 請說明接觸式與非接觸式溫度量測的差異性。

2. 何謂席貝克效應？何種溫度量測儀器是使用這種效應作出來的？

3. 有一個 J type 的熱電偶，在週圍溫度為 50°C 下量測某一個熱源，吾人以此溫度為冷接點之參考溫度，而得到 18.3 mV 之電壓值，試問該熱源的實際溫度為何？（參考表 3.3）

4. 熱電偶為什麼要使用補償導線？

5. 請解釋為什麼溫度上升時，金屬導線的電阻值會上升的物理現象。

6. 某一個鉑導體在 20°C 時的電阻值為 $100\Omega$，請問當鉑的電壓變成 $150\Omega$ 時，溫度值是多少？

7. 為何 RTD 的電路都是使用三線式而非原來的二線式？

8. 說明何謂 NTC、PTC 及 CTR。

9. 什麼場合會用到非接觸式測量？

10. 光學式高溫計的量測原理為何？

11. 請說明 AD590 的基本特性及工作原理。

12. 請將 25°C 轉成°F、°R 及°K 之單位。

13. 圖 3.12 之 AD590 電路中，若 AD590 的轉換率為 $1.5\mu A/°K$，且 R 為 11 $K\Omega$，則當 $V_0$ 由 0 V 變化到 2.2 V 時，溫度上升幾°C？

14. 選擇溫度計時，應注意的要項為何？

15. 對溫度量測造成誤差的可能來源為何？

# CHAPTER 04

# 壓力量測

## 4.1 概　述

所有的物質都是由分子構成的。固體的分子是固定不動的，而氣體與液體的分子則是不停的往各個方向運動，當氣體或液體分子碰撞到其他的物體時就產生了壓力。分子動的速度越快，碰撞後產生的壓力越大，越多分子同時碰撞同一個物體所產生的壓力越大，越重的分子碰撞同一個物體所產生的壓力越大。壓力的另一種定義是單位面積上所受的力，其基本的定義是在單位面積上所受之力，其定義如下：

$$P = \frac{F}{A}$$

其中：P=壓力

　　　F=力

　　　A=受力面積

大氣壓力為地球四週的空氣所有重量壓力。因接近地球表面的空氣是被高處空氣壓縮，故在海平面位置的大氣壓力為每平方吋 14.7 磅($1kg/cm^2$)，在 5000 英尺高位置，大氣壓力為每平方吋 12.2 磅(12.2psi)，在 10000 英尺高位置大氣壓力為每平方吋 9.7 磅($0.679kg/cm^2$)。

常用的應力單位，及這些壓力單位間的轉換關係如下：

　　　1.000Atm

　　　=1.013 mpa

　　　=14.7 psi

　　　=1033.6 cm-$H_2O$

　　　=760 mmHg

一般壓力量測時依據其參考點之不同，而有下列三種表示法：

1. **錶壓力**(Gauge Pressure)：以大氣壓力為零值，用以表示高於大氣壓力之壓力表示法，若以英制為例則為 psig。

2. **真空度**(Vacuum)：以大氣壓力為零值，用以表示真空之程度，表示法是以註明真空度表之。

3. **絕對壓力**(Absolute Pressure)：以真空為零值，用以表示相對於真空之壓力值，表示法若以英制為例則為 psia。

$$Pa = Pg + 1 \text{ atm}$$

其中：Pa=絕對壓力

Pg=錶壓力

## 4.2 壓力量測元件

### 4.2.1 布登管

布登管(Burdon Tube)是由 E. Burdon 在 1852 年所發明之壓力計，布登管壓力計是屬於彈性壓力計，其作用原理是在測量體上使用彈性體，當激源（壓力）作用於測量端時，會使此彈性體變形，此變形量之大小正比於壓力大小，吾人即可由此得知壓力之大小，此即為布登管之作用原理。布登管一般可分成 C 型，螺旋型及蝸旋型三種。

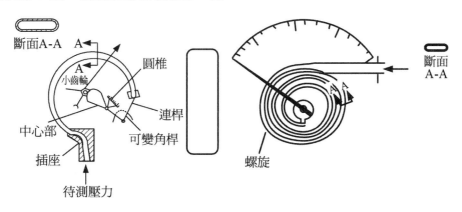

○圖 4.1　各式的布登管

## 4.2.2 伸縮風箱

伸縮風箱型(Bellow Type)壓力計亦是一種彈性壓力計。其作用圖 4.2 所示。

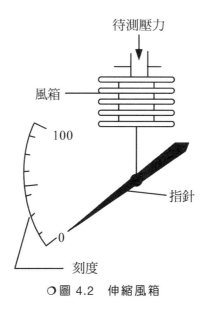

○圖 4.2　伸縮風箱

## 4.2.3 膜片式

膜片式與前面介紹之布登管及風箱最大的不同處是，製程（液體或氣體）不會進入到膜片內部，所以不會受到製程物質影響。

膜片式(Diaphragm) 壓力計也是彈性壓力計，其作用原理是使壓力作用於膜片上，使其產生變形，而此變形量正比於所施壓力之大小。

○圖 4.3　膜片

## 4.3 電子式壓力感測元件

大部分的壓力量測方式是透過位移作為中介，也就是壓力讓壓力元件產生位置變化（或是位移），此位置變化可以利用位移量測元件予以測得。

 ### 4.3.1 電容式

吾人知道兩金屬板所具有之電容量可以下式表之：

$$C = \varepsilon \frac{A}{d}$$

$\varepsilon = \varepsilon_0 \varepsilon_r$

其中：C＝電容量(F)

$\varepsilon_0$：真空介電常數

$\varepsilon$＝介電常數(F/m)

$\varepsilon_0 = 8.85 * 10^{-12}$ F/m

A＝電容板面積($m^2$)

$\varepsilon_r$：相對介電常數

d＝兩電容板間之距離(m)

可得知在介電材料及面積固定之下電容量是和距離成反比，因此只要取得電容值即可得知距離的改變量，進而得知造成此距離變化之力量（或壓力的大小）。

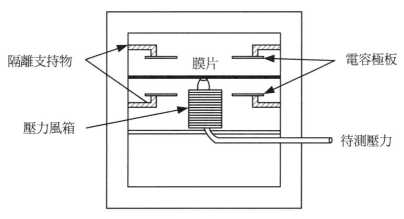

○圖 4.4 電容式壓力感測器的應用

## 4.3.2 線性可變差動變壓器

○圖 4.5　LVDT 外型圖

　　線性可變差動變壓器是位移量測元件，在壓力量測的場合中，可以藉由取得壓力量測元件所取得之位移量，而將之轉換成電子式信號輸出，因此我們可以經由 LVDT 的位移量而求得壓力值的大小。LVDT 的外型如圖 4.5 所示。

　　LVDT 基本上是一個變壓器，因此其原理可以透過變壓器的分析而得知，圖 4.6 是變壓器的原理圖，在圖中由一次側電源可以產生磁通φ，而此磁通φ會經由鐵芯所構成之磁路，而讓 φ 經過二次側之線圈以回到一次側，以便構成封閉的迴路。當 φ 經過二次側的線圈而切割此線圈時，在二次側便會產生電壓。

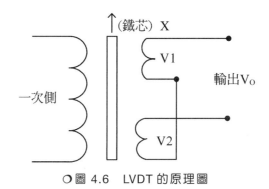

○圖 4.6　LVDT 的原理圖

LVDT 一次側接一固定之交流電壓，此電壓之典型值為 10~20V(P-P)，頻率為 1KHZ~10MHZ 不等，而在二次側有兩組特性完全一致之線圈，而中間之鐵心為可移動式，連接激源用以接收激源之位移變化量。在未受力狀態下，鐵心是位於中間位置。

LVDT 之輸出電壓 $V0 = V1 - V2$

Case1：

當鐵心位於中央時，由於二次側線圈特性一致，而且也得到等量之磁通量，因此 V1=V2，則 V0=V1−V2=0，沒有輸出。

Case2：

當鐵心受力之影響，往上面移動時，線圈 A 可得到較多之磁通量，而且鐵心越往上時，此磁通量越大，亦即成正比關係，所以 V1 會大於 V2，則 V0=V1−V2＞0（正）

Case3：

當鐵心受力之影響，往下面移動時，線圈 B 可得到較多之磁通量，而且鐵心越往下時，此磁通量越大，所以 V2 會大於 V1，則 V0=V1−V2＜0（負）。若將上述三種情況之位移對輸出電壓之關係繪出，則可得圖 4.7。

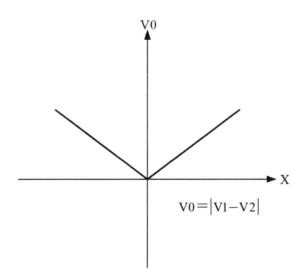

○ 圖 4.7　LVDT 的輸入對輸出關係圖

###  4.3.3 應變計

應變計(Strain Gauge)的基本原理在第一章已稍作介紹，其基本上是以改變金屬絲之外形，進而導致其電阻值之改變，而藉以求出位移量之多寡，應變器可分為黏著型(Bounded)及非黏著型(Unbounded)兩種。

黏著型是把金屬絲黏在一片具有伸縮性之平板上，其主要的緣由是因為要靠力量讓金屬絲產生形變，除非是力量很大，否則就必須將金屬絲做的很細才有可能。而當金屬絲很細時，若沒有支撐物的支持，則可能會由於外界的震動等因素而導致誤差。基於這個理由才會將金屬絲黏在支撐的平板上。然而這樣的作法會產生誤差，因為外力不僅會作用在金屬絲之內，也會作用在平板之上。也就是說平板會消耗掉局部的力量，導致所取得的壓力值會小於實際值。為了克服這個問題，在實驗室中由於環境因素優於一般的場合，而且需要較高的精度，所以採用非黏著型的應變器。

非黏著型是把金屬絲懸空，只有在兩端才會黏住。由於金屬絲受力影響所產生之變形量不大，因此用以量測用之電阻值亦不大，所以在實用上一般均是以惠斯頓電橋法取得信號。應變計最重要的係數稱為應變係數(Gauge Factor)，這個係數代表應變計受外力影響時，所產生的應變靈敏度，其定義如下：

$$GF = \frac{\Delta R / R}{\Delta L / L}$$

其中：GF=應變係數(Gauge Factor)

      $\Delta R$=電阻變化量

      R=元件未變形時的電阻值

      $\Delta L$=應變元件的長度變化量

      L=元件未變形時的長度值

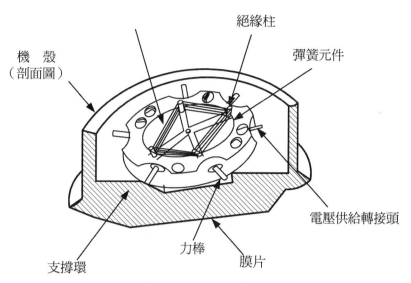

絕緣柱

機　殼
（剖面圖）

彈簧元件

電壓供給轉接頭

力棒

膜片

支撐環

○ 圖 4.8　應變計的結構圖

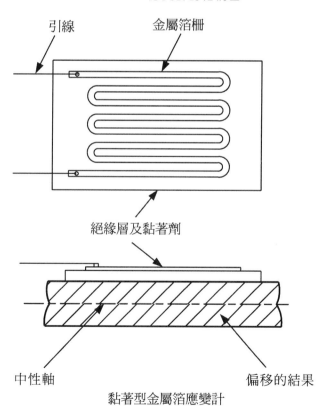

引線

金屬箔柵

絕緣層及黏著劑

中性軸

偏移的結果

黏著型金屬箔應變計

○ 圖 4.9　應變計的示意圖

　　然而吾人知道應變計之電阻值,不只受變形之影響,同時亦會受溫度之影響,而且因為由力所造成之電阻變量不是很大,因此因溫度所造成之變量就必須將之消除。作法是在電橋之另外一臂上放上另一個稱為虛擬(Dummy)應變計之補償用應變計,而用來量測力之應變計稱為 Active 應變計。此兩個應變計之特性完全一致,而且放在相鄰之位置,以便使其週圍溫度一致,而且虛擬應變計完全不作量測用(亦即不受力,因此其任何電阻值之變化均是由熱所造成的,吾人便可利用這個量而補償掉 Active 應變計由於溫度變化所造成之電阻變量。

 **4.4** **半導體式壓力感測元件**

 ## 4.4.1　壓電效應

　　某些天然或是人造的晶體材料會具有壓電的現象,也就是說對結晶構造之材料,例如矽或鍺半導體垂直於 Miller 指數的面的直角軸方向,加上機械的拉力或壓力,則結晶體內會發生應力而產生變位,這個變位會使得晶體內的能量結構發生變化,這就是壓電效應。

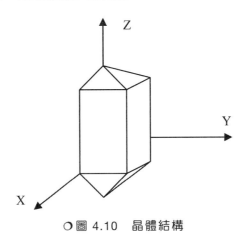

○圖 4.10　晶體結構

　　壓電效應的一個嚴重問題是輸出阻抗極高,因此得到的電壓值非常的小,此外在傳送時所使用之導線的阻抗也要和這個高阻抗匹配。

其次,當壓電材料的溫度達到某一個特定的值時,則產生壓電效應之能例會消失,這個溫度值稱為居禮溫度。表 4.1 列出某些壓電材料的電荷／壓力比。

☐ 表 4.1　壓電材料的電荷/壓力比

| 材料 | 電荷／壓力比 |
| --- | --- |
| Ammonium dihydrogen phosphate | $4.8*10^{-12}$ C/N |
| Quartz | $2.3*10^{-12}$ C/N |
| Rochelle salt | $550*10^{-12}$ C/N |

 習題

1. 何謂錶壓力、真空度及絕對壓力？

2. 請說明膜片與風箱及布登管的最大差異處為何。

3. 請詳細說明 LVDT 的工作原理。

4. LVDT 是位移量測元件，為什麼可以用來量測壓力？

5. 在應變計中的虛擬應變計的作用為何？

6. 在應變計的量測電路中，為什麼需要將溫度的效應列入考慮？

# CHAPTER 05

# 位準量測

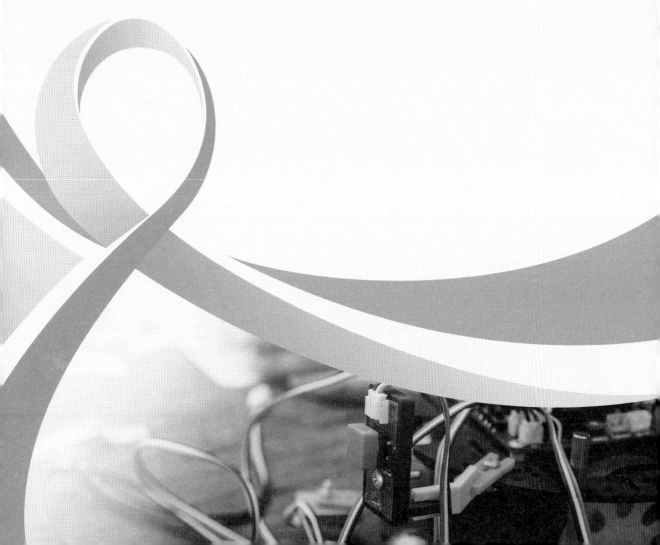

位準量測的物質可以是固體或液體，例如量測穀倉內穀物的高度，屬於固體位準量測，量測水塔水位是液體的位準量測。位準感測器是在製程中量測槽或桶內物體之高度值。

1. **直接式**
   (1) 浮球式。
   (2) 玻璃管式。
   (3) 氣泡式。
   (4) 重量式。

2. **推論式**
   (1) 電容式。
   (2) 超音波式。
   (3) 電極式。
   (4) 輻射線式。
   (5) 差壓式。

## 5.1 直接式

直接式位準量測是直接以感測元件，進行位準的量測。

###  5.1.1 浮球式

此種方法主要是用來量測液面高度。一般家庭中所採用之液面控制，大部分是屬於此類。在家庭中使用浮球的場合有水塔水位的控制，以及馬桶水箱水位的控制等。兩者都是以浮球作為液位的量測元件，而輸出則不相同。其中水塔是會控制抽水馬桶的 ON 或是 OFF，而馬桶則是直接轉動水龍頭而作進水之管制。

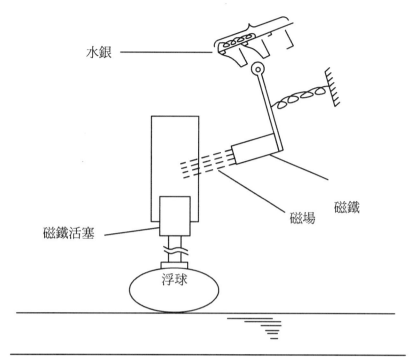

水銀

磁場　磁鐵

磁鐵活塞

浮球

○圖 5.1　浮球式液位計

 5.1.2　玻璃管式

利用連通管原理所製成之位準指示設備。

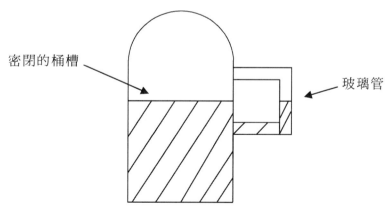

密閉的桶槽

玻璃管

○圖 5.2　玻璃管式液位計示意圖

在圖 5.2 中，由於桶槽是密閉的，因此無法以目視的方法知道液位值，而利用連通管原理在桶槽的側邊加上一個玻璃管，即可由玻璃管的液位高度而知道桶槽的液位高度。平常家中所使用的溫水瓶的水位指示，就是使用這個原理製作的。

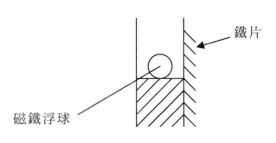

在工廠中，由於環境複雜，而且玻璃管有易碎的持點，所以除了加強保護之外，也可以使用磁鐵配合可動之鐵片來作指示。在這種組態中，在玻璃管之內放了一個用磁鐵作成的浮球，而玻璃管改成不透明且不易受損之材質，在管子外面則貼著連續排列之小鐵片，這些小鐵片中與浮球在同一水平線上的那一個會被磁鐵吸引而改變其位置或是顏色，我們就可以利用這個狀況而得知液位值。

##  5.1.3　氣泡式

此種方法主要是利用背壓之方式量測之。吾人知道水中壓力值之大小正比於水位，即

$$P = \gamma * h$$

其中：γ=表示液體之密度

　　　h=液體之高度

　　　P=壓力

因此只要量得水位底部之壓力，即可得到位準(h)值。若供應壓力 P 大於由水位所造成之最大壓力值，則此供應之氣體便會由末端（在水中）洩放出而形成氣泡，而此壓力（背壓）會反映在壓力表上，只要經由適當之轉換便能得到所需之位準值，其示意圖請參閱圖 5.3。

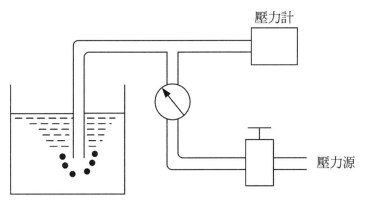

○圖 5.3 氣泡式液位計

 ## 5.1.4 重量式位準量測

物件的重量可以由其體積及密度決定，而體積又是由面積乘以高度而得知，因此我們可以由物體的重量，來求出位準值。其計算式如下：

$$W = V \times D = A \times h \times D$$
$$\Rightarrow h = \frac{W}{A \times D}$$

其中：W=重量

A=面積

D=密度

h=高度

例 1 若某一個水槽其形狀如右圖所示，由圖中可以得知面積 A 為 $400cm^2(20 \times 20)$，而水的密度為 $1g/cm^3$，因此若利用重量計而量得水槽內水的重量為 5kg 時，則高度約為：

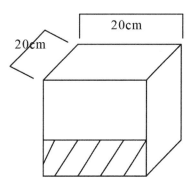

$$h = \frac{W}{A \times D} = \frac{5000}{20 \times 20 \times 1} = 12.5 \, cm$$

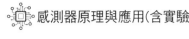

## 5.2 推論式

### 5.2.1 電容式(Capacitive)

前面已經討論過電容的構造及原理,在位準量測中,其檢測原理是利用空氣與激源之介電常數不同,以檢測物體位準之方法。其優點是不僅可以量測液位,亦可量測固體之位準。

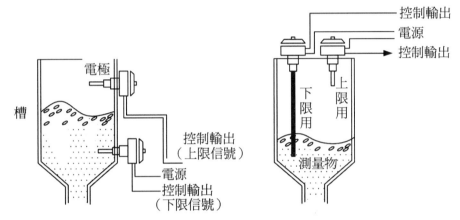

○圖 5.4 電容式位準量測範例

□表 5.1 常見之介電常數

| | |
|---|---|
| 空氣 | 1.0 |
| 鐵弗龍 | 2.0 |
| 紙 | 2.5 |
| 橡皮 | 3.0 |
| 雲母 | 5.0 |
| 瓷 | 6.0 |
| 電木 | 7.0 |
| 鈦 | 7500 |

由電容之基本公式可得知兩極板間之電容量(C)正比於充斥在兩極板間物質之介電常數(ε)，因此吾人可由電容量之變化，而反求出物體之位準。

表 5.1 之介電常數為平均值，此表所列之值會隨環境之不同，而有稍許之差異。圖 5.4 是電容式位準量測的範例。

## 5.2.2 超音波式(Ultrasonic)

### （一）何謂超音波

物質的振動，經由周圍的空氣，傳送到人耳，振動耳膜，使聽覺神經感受到聲響。當然，人類可感受到的頻率範圍有限。聲音的高音、低音決定於發音物體的振動頻率，聲音的強弱，取決於發音物體的振動振幅。一般人耳可以聽見的頻率範圍約 20Hz~20kHz，但依個人體質不同，收聽範圍會有差異，通常我們將超過

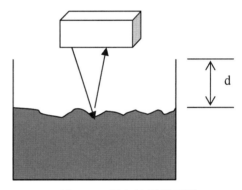

○ 圖 5.5　超音波量測原理

20kHz 的音波稱為超音波(Ultrasonic Wave)，也就是超過人類耳朵可以聽見的音波。超音波傳導的媒體不限於空氣，液體及固體也可以做為傳導媒體，而且超音波也具有折射效果。

### （二）超音波的應用範圍

超音波應用的範圍非常廣泛，大致可分為檢測的應用與能量的應用。在檢測的應用方面如醫療儀器上正常與非正常細胞的探知或檢測、公路超速檢測、水深檢測、金屬探傷……等等。在能量的應用方面如超音波洗淨、超音波振動切削、超音波細胞膜破壞……等等。依不同的需求，製造者不斷的研究開發超音波元件提供使用，因此也不斷擴大應用的範圍，超音波元件的體積和價格也大幅減小，本章之中也只舉常見元件之一來加以說明。

❑表 5.2　音波在各種媒質中前進的速度

| 媒　　質 | 波前進的速度<br>$10^5$ cm/sec |
|---|---|
| 鋁 | 6.22 |
| 銅 | 5.81 |
| 鎳 | 5.6 |
| 鎂 | 4.33 |
| 銅 | 4.62 |
| 黃　　銅 | 4.43 |
| 鉛 | 2.13 |
| 水　　銀 | 1.46 |
| 玻　　璃 | 4.9~5.9 |
| 聚 乙 烯 | 2.67 |
| 電　　木 | 2.59 |
| 水 | 1.43 |
| 變壓器油 | 1.39 |
| 空　　氣 | 0.331 |

　　一個簡單的超音波，當其離開聲浪後會依距離之增加而迅速地失去其強度。此種音波沿著路徑的強度衰減，可能是受到沿途上不連續性的影響。對一個超音波控制系統而言，其傳播路徑係經由空氣而達成。傳播路徑上任何一點的音波強度乃是由音源算起之距離的函數。介質材料在傳導時，將吸收或反射一些聲音的能量。此種沿著路徑之正常減弱或衰減可以用以操作電子線路。

　　在空氣中對音波作較徹底的研究，將會發現除了距離因素外，尚有其他因素會造成音波的衰減。例如，相對濕度、溫度及發生駐波均是此類控制系統的主要障礙。利用設計複雜的電子電路，我們可以克服大部分的問題。然而此種方式會有裝置製造昂貴、調整不易以及維護困難之缺點。

　　超音波位準量測最基本的動作原理，是利用音波由音源送出後到接收器收到此音波間的時間差，以測得距離。若音波之速度為 $V_s$，則物體之距離(d)為：

　　　　$d = V_s t$

　　若此位準感測器為反射型，則發射器與接收器是處於同一位置，那麼上述之式子應當除以 2（來、回各一次），才是正確的距離。

　　超音波位準檢測設備之優點是與激源不接觸，因此可檢測液體、粒狀、或塊狀之物體，然而其缺失是音波之速度，會隨著傳播之媒介及溫度的不同而改變，因此正確的補償是必須要做的工作。

### 5.2.3　電極式

　　電極式位準量測是利用兩根電極作為量測用。在此兩電極間加入適當之電壓 V，若水位低於 A、B 電極之高度，則 A、B 之間呈現高阻抗，使得整個回路呈現開路（高阻抗）狀態，若水位高於 A、B，則 A、B 之間經由水之媒介而形成封閉之回路，而使得回路有電源通過，此為電極式位準量測之基本原理。

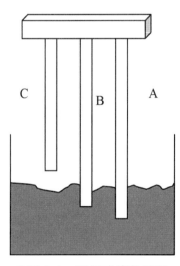

○圖 5.6　電極式液位量測

○圖 5.7　電極式液位量測元件實例

雖然理論上電極式位準量測只須要兩根電極就足夠，然而在實用上，兩根電極的方式會因為水面之波動，而造成動作頻繁之缺失，所以皆採用三根電極式。其動作原理如圖 5.6 所示，當 A、B 間開路時（即水位低於 B），水位便持續上升，直到 B、C 閉合為止（水位高於 C）便停止進水，稍後當水位低於 B 時，又再度進水。在此種結構中，B、C 間之高度差即為緩衝區，可以避免抽水馬達動作頻繁之缺失。

電極式位準量測之優點是構造簡單且價位合理，因此大量用於大樓或家庭中水塔水位之控制。然而其缺失為容易因水質的因素，造成電極導電性差，而且只能檢測具有導電性之液體（如水）。

## 5.2.4 輻射線式

輻射線式位準量測之基本原理，是利用放射線通過物體時，會造成衰減之情況，經由測量其衰減量便可得出物體之位準。輻射線式位準量測所用到之放射源（放射性物質），一般為鈷 60(Co60)，金色 137(Cs137)及鐳(Ra)等三種，而檢出輻射衰減量之設備則為蓋格計(Geigr-Muller)。

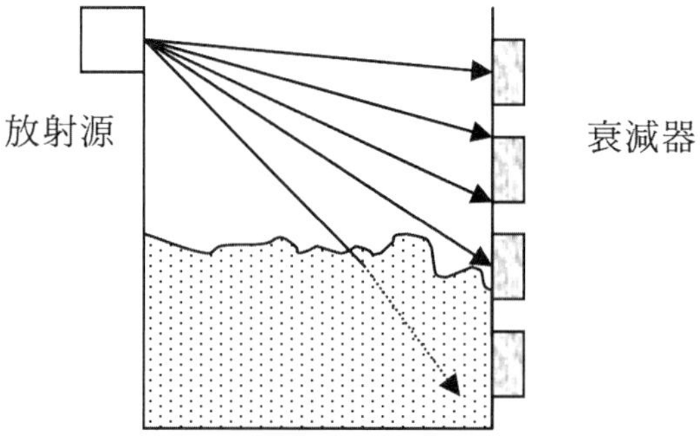

輻射線式位準量測之方法有下列兩種：

1. 點測量式

2. 連續測量式

○圖 5.8　輻射線位準量測

（一）點測量式

點測量式主要是用以測定位準之上下限用。當感測器與射源間有物體存在時，射源所發射之放射線便會受到衰減。此種情形可由偵測器得到較少之放射線量而得知之，藉以控制物質位準之上下限。

## （二）連續測量式

連續測量式之量測原理和上述點測量式相同，仍然是以量測放射線受到物質之衰減量而求出位準值。此種測量方法是把由一系列偵測器所得到之衰減量送到檢出電路中，經由適當之計算及推演而得出實際位準值，其示意圖如圖 5.8 所示。

輻射線式位準量測最大的優點是在很多困難量測之場合甚為有用，而且不受溫度，壓力，及腐蝕的影響。而其缺失為價格高，需要受過相關輻射安全訓練之人員才得以操作，以及有輻射安全之問題等。

## 5.2.5　差壓式

差壓式(Differential Pressure)位準量測的基本原理，和前面提過的氣泡式很類似，亦是以量得液體底部之壓力而反求液體之高度。差壓方法在量測開放槽(Open Tank)和封閉槽(Close Tank)有不同的計算法。

圖 5.9　差壓式位準感測器

## （一）開放槽

在開放槽之情況中，液位所受到之壓力為一大氣壓，因此吾人只需將差壓式位準量測之低壓測暴露於空氣中即可。

求 h 之高度的式子如下：

$$h = h_o + h_a$$
$$P_h = \rho h + \rho_o h_0$$
$$h = \frac{P_h - \rho_o h_o}{\rho}$$

其中：h=總高度

　　　　$h_o$=液位計高壓側高度

　　　　$h_a$=水位高度

　　　　$\rho$ =液體密度

　　　　$\rho_o$ =液位計封裝的密度

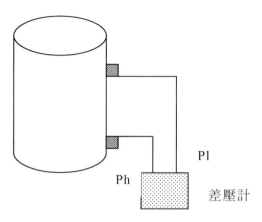

○圖 5.10　封閉槽的位準量測

在上式中ρ係指被測物之密度，而$\rho_o$係位準感測器導管內填充液之密度。會作如此安排之用意是，將儀表與被測物隔離，可增長儀表本身之壽命，且精度可維持。

## （二）封閉槽

在封閉槽中（圖 5.10），由於液面（槽內空氣）不在是固定值，因此必須量得此部分之壓力，藉由 Ph-Pl=ΔP 壓差來求出液體之位準。

$$\Delta P = Ph-Pl$$

另外，在上述兩種情況中（開放槽、封閉槽），吾人均假設感測器之準位恰好等於液面之底部。然而在實用上，由於安裝上之限制及考量，感測器之準位可能會高於液面之底部或低於液面之底部，在此情況下，量測到之值便需作調整。當位準感測器低於液面底部時所作之調整稱為零位抑制(Zero Suppression)，而位準感測器較液面底部高時，所作之調整稱為零位提升(Zero Elevation)。

## 位準量測的考量

位準量測方法的選擇，需考慮下列兩個因素：

1. **物體的型態**：液體或固體。固體通常會使用推論式或重量法。

2. **物體的溫度**：對於非常高溫物體，例如鋼鐵廠高爐的鐵水，可能須考慮輻射線式。

習題

1. 舉出四種量測位準（液位）感測器之名稱與基本原理。

2. 請說明壓力（水壓）與液位之關係。

3. 說明超音波液位感測器之原理與應用場合。

4. 繪圖說明電極式液位感測器之原理。

MEMO

# CHAPTER 06

# 流量量測

　　流量之量測不論在工業界或是一般應用上，均佔有相當的重要性。流量即是流體（包括液、氣體）在每一單位時間內通過某一斷面的容積（體積）。如每分鐘流過 10 立方公尺的水，或每分鐘流過 10 立方呎的蒸汽，或每小時流過 100 立方公尺的蒸汽均稱之為流量。

　　流量儀器不像溫度、壓力或位準等類儀器，只要在量測範圍以內，大多數可任意使用，而必須考慮流體之許多物理特性：

1. **流體之壓力**：即流體單位面積所受之力。

2. **流體的密度**：即是流體單位體積之重量。

3. **流體的黏度**：流體的黏度為其對流體的阻力。例如柏油的黏度比水大，而水的黏度比氣體大。黏度的單位稱為分泊(Centi-Poise)。水的黏度在 68°F 時為 100 分泊，煤油的黏度在 68°F 時為 200 分泊。溫度與黏度有其密切的關係；當液體溫度上升時其黏度減小。

4. **流體之速度**：即流體在管路中流動的快慢。流體流動之速度平均時，叫做層流(Laminar Flow)。此表示流體為分層流動，最快流動層為在管路中心，　而慢流動層則在靠近管壁。速度加大時，流體的流動即變為擾流(Turbulent Flow)，分層則不存在，而流體流動的速度則更為一致。

$$平均速度 = \frac{流量}{管路的斷面}$$

5. **雷諾數(Reynolds Number)**：流體的流動特性，可用雷諾數來表示。雷諾數即等於流體的平均速度×流體密度×流體輸送管之內徑／黏度。如寫成方程式如下：

$$R = \frac{VDW}{U}$$

　　其中：
　　　　R=雷諾數
　　　　W=流動之密度
　　　　V=流動之平均速度
　　　　U=流體的黏度
　　　　D=管子內徑

流體之雷諾數如小於 2300 時，流體的流動為層流；大於 4000 時為擾流。如果雷諾數在上述兩值之間，流動特性為不可預測。但在一般工業應用上，其流體的流動多為擾流。假使所要測量之流量不需要很準確，則可以不考慮雷諾數。如對流量測量變數要求較高，則必要利用雷諾數修正之。

常見的流量計有：

1. 差壓式流量計
    (1) 流孔板(Orifice)
    (2) 文氏管(Venturi Tube)
    (3) 流嘴(Flow Nozzle)
2. 面積式流量計(Variable Area)
3. 電磁流量計(Magnetic)
4. 渦輪式流量計(Turbine)
5. 超音波流量計
6. 容積式流量計

## 6.1 差壓式流量計

差壓式流量計的使用已經有一段很長的時間，其動作原理是利用阻流設備（如流孔板、文氏管等）造成差壓，然後再用相關的定理導出流量。

若流體流動時不計摩擦損失，則柏努利方程式(Bernoull's Equation)指出沿著同一流線流動的流體，其動能、位能、壓能三項的總和永遠不變，可以用下列式子表示：

$$\frac{P}{r} + Z + \frac{V^2}{2g} = H \quad\text{.................................................} (6\text{-}1)$$

其中：P=壓力值

r=流體的比重

Z=壓能

V=速度

g=重力加速度

H=常數

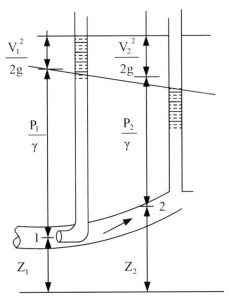

○ 圖 6.1　流體管線內各物理量的關係

在圖 6.1 中，於第一點與第二點之上，其關係可以表示為：

$$\frac{P_1}{r} + Z_1 + \frac{V_1^2}{2g} = \frac{P_2}{r} + Z_2 + \frac{V_2^2}{2g} \quad\cdots\cdots\cdots\cdots\cdots\cdots\cdots\cdots\cdots\cdots (6\text{-}2)$$

在本章中所探討的差壓式流量計，一般在應用上是採水平安裝，因此 6-2 式中的 Z 項可以去除：

$$\frac{P_1}{r_1} + \frac{V_1^2}{2g} = \frac{P_2}{r_2} + \frac{V_2^2}{2g} \quad\cdots\cdots\cdots\cdots\cdots\cdots\cdots\cdots\cdots\cdots\cdots (6\text{-}3)$$

由連續方程式可以得之：

$$Q = A_1 V_1 = A_2 V_2 \quad\cdots\cdots\cdots\cdots\cdots\cdots\cdots\cdots\cdots\cdots\cdots\cdots (6\text{-}4)$$

$$V_2 = (\frac{A_1}{A_2})V_1 = (\frac{D_1}{D_2})^2 V_1 \quad\cdots\cdots\cdots\cdots\cdots\cdots\cdots\cdots\cdots (6\text{-}5)$$

6-5 式中的 $D_1$ 與 $D_2$ 分別代表某兩個斷面之直徑值。若將 6-5 式帶入 6-3 式之中,並且加以整理可得:

$$V_1 = \sqrt{\frac{2g}{r*[1-(\frac{D_1}{D_2})^4]}} * \sqrt{P_2 - P_1} \quad \text{...................} (6\text{-}6)$$

最後將 6-6 式代回 6-4 式,可得:

$$Q = A_1 V_1 = A_1 \sqrt{\frac{2g}{r*[1-(\frac{D_1}{D_2})^4]}} * \sqrt{P_2 - P_1} = AK * \sqrt{\Delta P} \quad \text{...........} (6\text{-}7)$$

由上面對於柏努利方程式的推導,以及配合連續方程式的運用,由 6-7 式中可以看出,若能在流體管線中製造出差壓,然後利用感測元件將此差壓值取出,最後在利用 6-7 式進行運算,就可以得知流體管線中流體的流量。因此在差壓式流量計的探討中,實際上是研究各式的阻流器,在流體管線上造成差壓之後,如何配合柏努利方程式以求出流量。下面將逐一介紹常見的阻流器。

##  6.1.1 流孔板

流孔板(Orifice)具有價格低,可用於甚多之流體等優點,因此今日仍然普遍應用於各種流量之量測場合。最早將流孔板制定標準的國家為德國,隨後美國亦跟進發表了 ASME 規格,流孔板的基本結構如圖 6.2 所示。流孔板為中間有開口的平板,這個開口的目的是要利用阻流的效果,而達到造成差壓的目的。典型的開口型式為圓形,不過基於各式應用上的考量,也有其他不同型式的開口。例如偏心式流孔板可以適用於帶有固態雜質的流體,以避免造成雜質在開口處堆積。半圓式流孔板其開口約等於流體

○圖 6.2 流孔板

管路的內徑,不過只有半圓,其作用類似於偏心式流孔板。這兩種流孔板在應用上,通常都是將開口置於管路的下方。

在應用上，流孔板的直徑(d)，與流體管路的內徑(D)的比值為 $\beta$。在不同的流體中，所適用的 $\beta$ 範圍不盡相同，原則上此值大約是介於 0.2 到 0.8 之間。

$$\beta = \frac{d}{D} \quad \cdots\cdots\cdots\cdots\cdots\cdots\cdots\cdots\cdots\cdots\cdots\cdots\cdots\cdots\cdots\cdots\cdots\cdots\cdots\cdots (6\text{-}8)$$

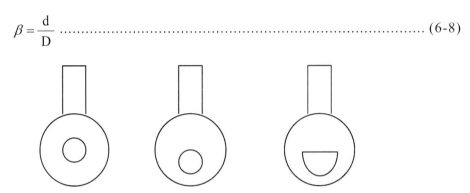

○圖 6.3　標準流孔板、偏心流孔板與半圓流孔板的示意圖

在量測的應用上，流孔板的目的是要造成差壓。在其原理的探討上，於圖 6.4 中分別由流孔板之前的斷面 1 及流孔板之後的斷面 2 取出壓力 $P_1$ 與 $P_2$，透過前面對於柏努利方程式的探討，可以得到：

$$Q = \frac{A * C_c * C_v}{\sqrt{1 - (C_c * \beta)^2}} \sqrt{\frac{2g}{r} * (P_2 - P_1)} \quad \cdots\cdots\cdots\cdots\cdots\cdots\cdots\cdots (6\text{-}9)$$

其中：A=管路的截面積

　　　$C_C$=縮流係數

$C_c$ 的值是因為在相同條件之下，如果取出差壓的位置不同，則所得之差壓值的位置不同，所以此項參數是用來調整由於壓力取出點不同的差異。

$C_V$ 代表因摩擦所產生的流速係數。（由於流孔板的開口形狀不盡相同，因此不同的形狀有不同的磨擦係數，這個參數就是用來調整這個差異。）

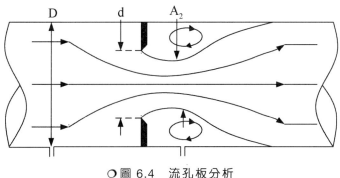

○圖 6.4　流孔板分析

 ## 6.1.2　文氏管

文氏管(Venturi Tube)流量測量方法，是 Venturi 氏用一個細腰管使流體通過，發現阻流體的前後可產生壓力的差異。於是利用這種壓力來測量流量。文氏管的外型如圖 6.5 所示。

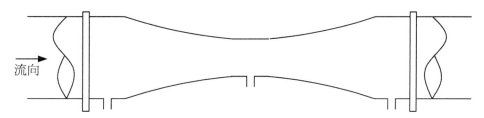

○圖 6.5　ASME 建議之典型文氏管

文氏管可以分成三段，第一段是縮流部分，流體在這一段中，流速會增加而壓力會變小。第二段是平滑的圓筒，第三段則是平滑的擴孔，這一部分的作用是要讓流體能平順地回復原來的流速。在量測的應用上，由圖 6.6 的斷面 1 及斷面 2 中，各取出在斷面處的壓力值。對理想非壓縮性流體而言，由柏努例方程式可以導出：

$$Q = \frac{CA_2}{\sqrt{1-(\frac{A_2}{A_1})^2}} \sqrt{\frac{2g}{r}(P_1 - P_2)} \quad\text{(6-10)}$$

其中：Q=流量

　　　$A_1$=斷面 1 的截面積

　　　$A_2$=斷面 2 的截面積

$P_1$=斷面 1 的壓力值

$P_2$=斷面 2 的壓力值

r=流體的比重

g=重力加速度

C 代表流速係數，其值與流體的雷諾係數有關，約在 0.8 至 0.99 之間

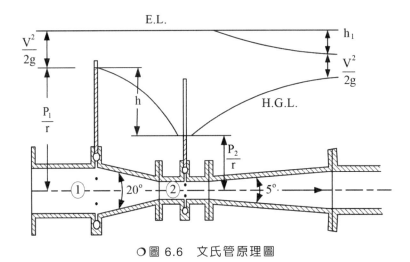

○ 圖 6.6　文氏管原理圖

### 6.1.3　流　嘴

　　流嘴也是經常使用的差壓式流量計的阻流器，圖 6.7 是 ASME 所建議的典型流嘴圖。各位可以由圖中看出流嘴的形狀類似於文氏管，只是文氏管的入口與出口是與流體的管路相連接，因此其管徑是與流體管路的管徑相同，而流嘴則是放在管路內部。同時因為流嘴的尾端沒有像文氏管有擴管的設計，因此能量損失會比較大。基於此原因，所以在應用上一般是將流嘴置於管線的末端。

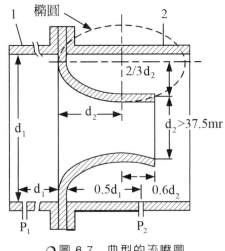

○ 圖 6.7　典型的流嘴圖

在量測應用上,其用於計算流量的理論基礎與文氏管類似,也是使用相同的式子,差別只是在於 C 值的不同。

### 6.1.4 皮托管

皮托管(Pitot Tube)是 Pitot 先生所發明的一種測量流量方法,所使用原理是運動中的流體一旦停止時,其動能($V^2/2g$)便會轉換成能量之靜態落差,其動作如圖 6.8 所示,因此吾人可經由計算,而得到流體之流速,再據以算出流量。

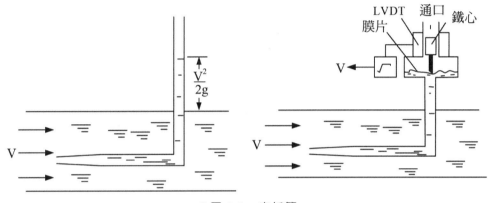

○圖 6.8　皮托管

## 6.2 變面積式流量計

變面積式流量計亦稱為浮標流量計(Rotameter),其示意圖如圖 6.9 所示。在變面積式流量計中有二個元件一個是讓流體通過之玻璃或金屬錐型管,另外一個是浮球。

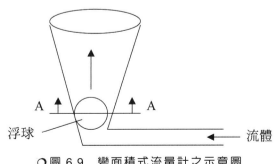

○圖 6.9　變面積式流量計之示意圖

當沒有液體通過時，浮球位於底部表示流量為 0，而當流體通過時，由於流體之動能會使得浮球上升，以致於流體通過之有效截面積產生變化，當浮球之浮力與作用於浮球之向下重力相等時，浮球便會停留在平衡之位置，而且因為管子為錐形，故當浮球上升或下降時，流體通過之有效截面積亦成線性變化，因此可藉由適當之轉換，將浮球之高度，轉換為流體之速度或流量值。

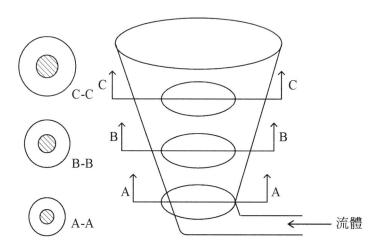

由上圖之圖示中可以看出，在 A、B、C 等 3 個位置中，由於外面的管線是錐形狀，而浮球的截面積沒有變化，所以浮球與相同高度之管線的有效面積之間的空隙會隨著高度上升而變大，也就是說流體流過的有效面積變大。

面積式流量計之優點為價格低和壓力損失低，不過因其係以玻璃製成，所以容易造成破裂，而且必須垂直安裝，多少會限制其應用之場合。不過因其係以線性位移對應於流體之流量，因此若加上適當的其他感測元件如 LVDT 或電位計，則可將流量值以電的信號取出。

## 6.3 電磁流量計

電磁流量計主要是使用了法拉第感應定律(Faraday's Law of Induction)，此定律敘述：在一個磁場中(B)，若以垂直於此磁場之導體(L)，以某一速度(V)切割此磁場中之磁力線時，便會感應一個電壓(E)，其關係式如下：

$$E=BLV$$

其中：E=感應電壓

L=導體長度

V=運動速度

B=磁通密度

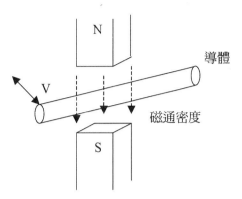

由上面的式子可以看出由於是向量的乘積項，因此若想得到最大的感應電壓，則運動方向與磁場方向必須垂直。由法拉第感應定律中所敘述的關係中可以看出，若導體的長度固定，且磁通密度也固定時，則感應電壓和運動速度成正比，也就是

$$E \propto V$$

此式子為發電機之基本作用原理，在發電機中導體為電線，而在電磁流量計中，則為具導電性之流體。

電磁流量計最大的優點是不會對製程造成干擾，而此較大的問題是只能適用於導電的流體。

圖 6.10　電磁流量計

## 6.4 　超音波流量計

超音波流量計是利用音波在流體中傳播時，由於流體速度所造成的時間差，以計算出流體的速度，進而導出流體的流量。超音波流量計可以分成時間式以及都卜勒型兩種。

圖 6.11 超音波流量計

 6.4.1 時間式

利用聲波在流體之傳送速率隨流體之流速而改變的原理，當聲波傳送的方向與流速方向相同時，其聲速變快，反之則變慢。為了避免聲波反射，此型流量計僅適用於清潔之流體。

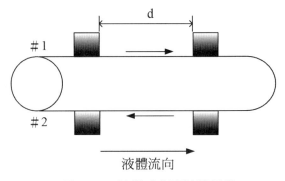

○圖 6.12 時間式超音波流量計

在超音波流量計中有兩對的超音波傳送與接收器，如圖 6.12 所示，其中 # 1 的超音波傳送接收組的方向和流動方向相同，而 # 2 的方向則和流體方向相反。

令 Vs 為音波的速度，Vw 為流體的速度，d 為兩個超音波流量計的距離，$T_1$ 為順向的傳播時間，$T_2$ 為逆向的傳播時間，則可以推導出下列式子：

$$T_1 = \frac{d}{(Vw + Vs)} \qquad T_2 = \frac{d}{(Vs - Vw)}$$

$$\Delta T = T_1 - T_2 = \frac{d}{(Vw + Vs)} - \frac{d}{(Vs - Vw)}$$

$$\Delta T = \frac{2dV_w}{Vs^2 - Vw^2}$$

因為 Vs＞＞Vw 所以 $Vs^2-Vw^2 \fallingdotseq Vs^2$ 所以

$$\Delta T = \frac{2dVw}{Vs^2}$$

$$Vw = \frac{\Delta T * Vs^2}{2d}$$

超音波流體計的信號處理單元會取得兩組超音波偵測器的時間值，然後計算時間差，最後再利用前面之式子而求出流量值。

 ## 6.4.2 都卜勒型

在日常生活中，我們都曾經有過移動的聲音，會隨著接近或遠離而有不同頻率的經驗，十九世紀的科學家都卜勒(Doppler)首先將此現象歸納，而提出都卜勒效應。首先來看下面兩種情形：

當有一個聲源和傾聽者，若此聲波的波長為 $\lambda$，在媒介中傳導的速度為 $v$，而頻率為 $f_s$。若傾聽者以 $v_0$ 的速度向聲源前進，則該傾聽者在 $t$ 時間會收到 $vt/\lambda$ 的聲波，另外由於該傾聽者以 $v_0$ 的速度向聲源前進，因此會額外收到 $v_0t/\lambda$ 的聲波，所以在單位時間內，傾聽者所接收到的頻率為：

$$f_p = \frac{vt/\lambda + v_0t/\lambda}{t} = \frac{v+v_0}{\lambda} = \frac{v+v_0}{v/f_s} = f_s\left(1+\frac{v_0}{v}\right) \quad\text{...........................}(1)$$

反之若傾聽者遠離聲源，則其頻率會減少：

$$f_p = \frac{vt/\lambda - v_0t/\lambda}{t} = \frac{v-v_0}{\lambda} = \frac{v-v_0}{v/f_s} = f_s\left(1-\frac{v_0}{v}\right) \quad\text{...........................}(2)$$

將(1)(2)式合併可得

$$f_p = f_s\left(\frac{v \pm v_0}{\lambda}\right) \quad\begin{array}{l}+ \quad \text{表示接近} \\ - \quad \text{表示遠離}\end{array}$$

另一種情形是傾聽者不動，而聲源移動。當聲源向傾聽者移動時，其波長會變短，即由 $\lambda = v \big/ f_s$ 變為 $\lambda' = v \big/ f_s - v_s \big/ f_s$，其中 $v_s$ 為聲源移動之速度，則

$$f_p = \frac{v}{\lambda'} = \frac{v}{(v - v_s) \big/ f_s} = f_s \left( \frac{v}{v - v_s} \right) \quad\text{................} \quad (3)$$

反之當聲源遠離傾聽者時，則

$$f_p = \frac{v}{\lambda'} = \frac{v}{(v + v_s) \big/ f_s} = f_s \left( \frac{v}{v + v_s} \right) \quad\text{................} \quad (4)$$

綜合前面 4 個式子，我們可以得出，當聲源與傾聽者接近時，聲音的頻率會提高，而當源與傾聽者遠離時，聲音的頻率會降低。因此我們可以利用這個特性來量測物體的速度。

## 6.5 渦輪式流量計

渦輪式流量計(Turbine)主要是測量流體的流速 ，而加裝一個轉動機構來指示其流量，如圖 6.13 所示。這種流量計的構造是在流體輸送管內裝設一個輪葉 ，輪葉受流體流動而作旋轉。輪葉轉動時帶動一齒輪系，這齒輪系即可指示流量的大小。若將渦輪式流量計的輪葉連接到發電機的轉子，則可以如同電磁式流量計一般，使用法拉第感應定律以取得電壓，然後再求出流體之流速，最後配合管路截面積的運算便可以得到流量值。渦輪流量計在利用法拉第感應定律取得電壓值時，所使用的速度是輪葉的旋轉速度，而非流體之流速，因此需要加上速度轉換因子。假使輪葉與齒輪系間之磨擦力不計，則輪葉的旋轉速度與流體速度成正比。但實際應用時，這種磨阻因素是不能避免，所以使用這種流量計，其流體的流速不可過低，若流體低於某種速度即不能使用渦輪式流量計。此外由於在流量計之內有輪葉等機構，因此會對製程造成相當程度的干擾。所以其雖然與電磁流量計一樣都是使用法拉感應定律，不過在應用上面會遇到上述的缺失。

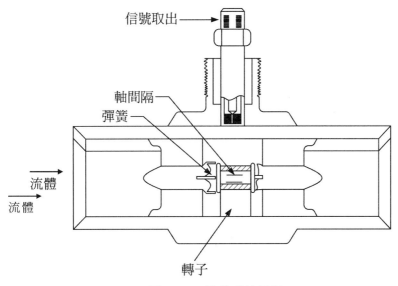

信號取出

軸間隔
彈簧

流體
流體

轉子

○圖 6.13　渦輪式流量計

## 6.6 容積式流量計

　　容積式流量計的種類很多，基本的原理非常類似幫浦的運作。流體通過一已知容積的密閉室時，在推動輪葉之後就會排出，由於每轉一圈會將一定容積的流體，由入口帶到出口，因此由輪葉的旋轉次數就可得知流過流體的容積。大部分的容積式流量計為圖 6.14 的橢圓齒輪式流量計。一般家庭中所使用得水錶就是這種型式的流量計。

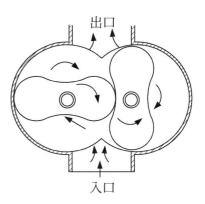

出口

入口

○圖 6.14　容積式流量計

習題

1. 請舉出六種流量感測器之名稱。

2. 請說明差壓式流量計原理。

3. 請說明超音波流量感測器之原理。

4. 請說明渦輪式流量感測器之原理。

5. 請說明電磁式流量感測器之原理。

# CHAPTER 07

# 位移與速度量測

# 7.1 概 述

位置與位移的量測在一般日常生活中，用途甚為廣泛。但是在工業上的用途則更為廣泛，例如在一般的機器中，我們經常需要知道目前物件的位置為何，以及某一個物件相對於某一個基準點的距離或位移量是多少等等。位移(Displacement)是指一個物體由靜止或平衡狀態之下，所移動之距離變化量，此移動量具有方向性；而速度(Velocity)則是指在單位時間內位移之變化率：

$$V = \frac{d}{t} \quad\text{.......................................................................... (7-1)}$$

其中：V=代表速度(m/s)

　　　d=代表位移(m)

　　　t=代表時間(s)

在實際應用中，有數種的感測器可以用來量測位移與速度，其中常用的位移感測元件有：

1. 電位計(Potential Meter)

2. 線性可變差動變壓器(LVDT)

3. 光學尺(Linear Scale)

4. 編碼器(Encoder)

5. 分解器(Resolver)

6. 同步器(Synchro)

而常用的速度量測元件有：

1. 轉速發電機(Techogenerator)

2. 超音波(Ultrasonic)

 **電位計**

電位計(Potential Meter)即為俗稱之可變電阻,基本上是以一帚(Wiper)在電阻元件上,當成分壓元件,透過取得電阻上之分壓值,而得到位移量。在第一章中所們已經介紹過電位計的量測原理,在此我們再次作個複習。參考圖 7.1 的分壓電路,此電路的輸入/輸出關係可以表示為:

$$V_0 = Vin \frac{R1}{R1+R2}$$ ................................................................(7.2)

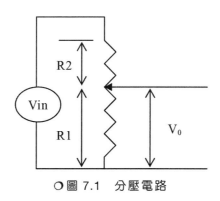

○圖 7.1　分壓電路

由式 7.2 吾人可得知,位移量正比於 R1/(R1+R2)。因此若將所要量測位移的物體固定在電位計的帚上,則物體移動時便會使帚的位置改變,而我們便可以經由輸出電壓的變化得知這個變化量。

例如將第五章位準量測中所示介紹的浮球,與電位計結合,就可以將浮球所得之液位值,轉換成電阻及電壓值。如圖 7.2 所示,浮球藉由連動桿而與電位計的帚相連接,當液位變動時,浮球的位置也會跟著變動,而此變動量會經由連動桿傳達到電位計的帚上,而導致電阻值的變化。假設電位計使用圖 7.1 的分壓電路,同時由 $V_0$ 取得之電壓為 2V,若 Vin 的電壓為 5V,則可以經由下列運算而得知浮球之位置。

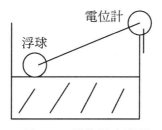

○圖 7.2　電位計之應用

$$V_0 = V_{in} \times \frac{R_1}{R_1 + R_2}$$

$$2 = 5 \times \frac{R_1}{R_1 + R_2}$$

$$\Rightarrow \frac{R_1}{R_2} = \frac{4}{6} = \frac{2}{3}$$

這表示帶是位在離底部百分之 40 之位置，也就是水量剩下 40%。

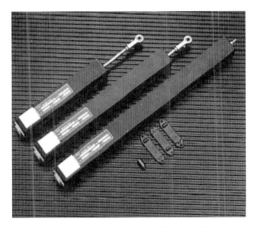

○ 圖 7.3　直線式電位計之外型圖

　　電位計依據其構造可以分成直線式與旋轉式電位計。直線式電位計可以直接量測物體的直線移動量，直線式電位計的外型如圖 7.3 所示。另一種型式的電位計稱為旋轉式電位計，旋轉式電位計依據其型式可以分成單轉與多轉電位計。在早期的電位計中，大都採用單轉電位計，單轉式電位計非常類似於一般的旋轉式可變電阻。由於單轉電位計實際旋轉角度小於 360 度，如此所得到之解析度太小，因此在某些應用上不實際，所以乃有多轉電位計之產生。多轉電位計的構造類似電子電路中的精密電阻，不受圈數少於一圈的限制，如此便可提高其解析度。解析度定義如下：

$$解析度 = \frac{1}{m}$$

其中：m=圈數

電位計之性能基本上除了考慮上面所提到之解析度之外，尚需考慮到直線性、雜訊、輸出平滑度及溫度效應等。電位計在應用上，除了可當成基本的電位量測作用外，尚可配合機械之動作，而得到壓力、角度等機械量或電壓值的輸出。

## 7.3 線性可變差動變壓器

　　其原理在第四章壓力量測中已介紹過，各位可參閱前面說明。在第四章中壓力量測元件將壓力值轉換成位移量，而後再利用 LVDT 將此位移量轉換成電位值。基本 LVDT 具有下列特性：

1. 鐵心與一次側及二次側線圈不接觸，因此不會損壞而且耐用。

2. 輸出電壓與鐵心之位移量成正比，因此解析度極高。

3. 可量測之範圍大約 1um~50mm。

　　圖 7.4 是 LVDT 的一個應用範例，在這個例子中 LVDT 的鐵芯與分厘卡的活動臂連結。當使用者使用分厘卡量測物體的長度而轉動活動臂時，便會一併帶動 LVDT 的鐵芯，所以可以經由 LVDT 得知移動量。一般將加上 LVDT 的分厘卡稱為電子式分厘卡。

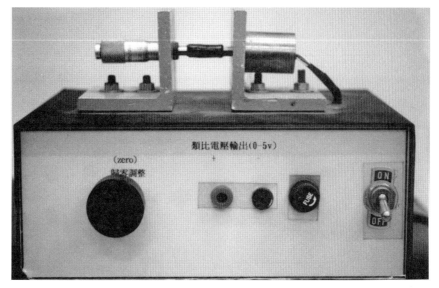

○圖 7.4　LVDT 的應用範例—電子式分厘卡

## 7.4 旋轉式編碼器

旋轉式編碼器是一種用來量測轉動角度、旋轉速度、或是經過運算之後用來量測位移量的裝置。在測量旋轉角度或直線位移時，以往大多採用類比輸出之電位計，價格便宜且輸出電壓與角度或位移成正比。隨著電子技術的發展，使很多自動化機器均以數位電路作為控制運算的中心，故能產生數位輸出之感測元件便有大量使用之趨勢，其中以磁式或光學式為主，旋轉式編碼器就是其中一例。其解析度可以從每轉 500 個脈衝至十萬個脈衝者都有，足夠做高精度之伺服定位。

編碼器可以用來量測：

1. 角度。

2. 速度。

3. 位移量。

在量測角度方面，假設編碼器的圓盤上有 360 個等距的光柵，則每旋轉一圈便可得到 360 個脈衝，若圓盤在轉動若干轉之後，停在某一個角度上，此時計數電路總共取得 1116 個脈衝，則 1116 / 360 = 3……36，表示此圓盤總共轉了 3 圈又過了 36 格，而每一圈的角度為 360°，因此最後圓盤停在 36 / 360 = 36° 的位置。

另外若將導螺桿，提供動力之馬達，以及編碼器以右圖的方式將之耦合起來，而導螺桿的節距(Pitch)假設為 2mm，則此時的編碼器除了可以用來量測角度之外，也可以用來量測物體移動的距離。套用上一個例子的數據，由於編碼器轉動了 3 又十分之一圈，所以物體移動之距離為：

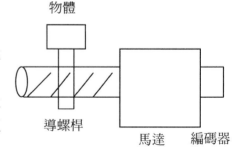

$$d = 3\frac{1}{10} \times 2 = 6.2\,\mathrm{mm}$$

在利用編碼器量測速度方面，若某一個物體以固定速率在作旋轉，如果這個編碼器的輸出脈衝如右圖所示，則我們可以  由 t = 0 之處，開始計數脈衝數，而在 t = 1 時停止，t 所使用之單位為秒，然後將所取得的脈衝數除以編碼器每轉所取得之脈衝數，則可以得到每秒中所旋轉的圈數，最後再將之乘以 60，就可得到每分鐘的轉速，也就是所謂的 RPM。套用前面的例子，若在 t = 1 時，技術器總共得到 1080 個脈衝，則：

$$1080 / 360 = 3 \ \textbf{轉} / \textbf{秒}$$
$$3 \times 60 = 180 \ \textbf{轉} / \textbf{分} \ = 180 \ \text{rpm}$$

因此藉由上面的推導，便可得到速度值。

旋轉編碼器係在一個玻璃圓盤上，繪出數條透光光柵，經過這些光柵的中心點所繪製的圓周，恰好是與圓盤構成同心圓。在此圓盤兩側固定一個光源與接收器。當光柵通過光源與接收器間時，光源即可透過光柵到達接收器，使接收器產生一個高電位。故當圓盤轉動時，即可使接收器產生一連串之電壓脈衝。透過計數此脈衝之數量，即可得知轉動之角度。圖 7.5 是旋轉式編碼器的原理圖，圖中的光源與接收器是在一直線上，而且在空間中的位置，恰好是與光柵所構成的圓周在同一個高度上。轉盤轉動時，由接收器所接收到的信號是一連串的脈衝信號，這些信號可以利用計數器來接收，並且作進一步的處理。圖 7.6 是旋轉式編碼器的應用範例，旋轉式編碼器通常是與導螺桿連結，而與導螺桿同步轉動。編碼器的解析度視製造商的製造能力而定，若格線越細，則可得到更佳解析度。無論如何，光源之寬度必須比刻蝕格線之寬度窄。

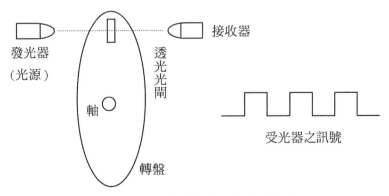

○ 圖 7.5　旋轉式編碼器的簡化圖

○ 圖 7.6　旋轉式編碼器之外型圖

　　旋轉編碼器可分為增量型與絕對位置型，以下將分別介紹這兩種編碼器。

 ## 7.4.1　絕對型編碼器

　　絕對型編碼器是可以告知絕對位置的一種編碼器，其原理圖如圖 7.7 所示。在圖 7.7 中，編碼器的圓盤依據二進制系統的編碼方式排列，在此圖中是採用四圈的光柵，因此其排列的方式如表 7.1 所示。表 7.1 中二進制值的 1 代表是有光柵的位置，各位可以將圖 7.7 的圓盤與表 7.1 作一對照就可了解。

□ 表 7.1　四個受光器之絕對型編碼器的對應表

| 十進制值 | 0 | 1 | 2 | 3 | 4 | 5 | 6 | 7 | 8 | 9 | 10 | 11 | 12 | 13 | 14 | 15 |
|---|---|---|---|---|---|---|---|---|---|---|---|---|---|---|---|---|
| 二進制值 | 0000 | 0001 | 0010 | 0011 | 0100 | 0101 | 0110 | 0111 | 1000 | 1001 | 1010 | 1011 | 1100 | 1101 | 1110 | 1111 |

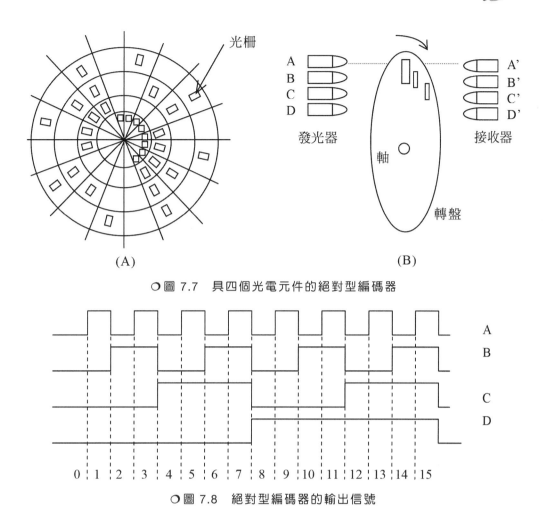

(A)　　　　　　　　　　　　　　　　(B)

○圖 7.7　具四個光電元件的絕對型編碼器

○圖 7.8　絕對型編碼器的輸出信號

　　圖 7.7B 中有四組的發光器與接收器，分別用以接收四個光柵的信號。由此可以了解所需要的光柵數量為 S=N，其中 S 表示發光器與接收器的對數，而 N 代表二進位的位數。圖 7.8 的波形是圖 7.7 之絕對型編碼器的輸出波型圖。

　　前面所介紹之絕對型編碼器光柵的安排是採用一般二進制編碼的方式，然而這種編碼方式具有不確定性的因素。例如由 0111→1000 四個位元會發生變化，如果四個位元可以同步發生變化，則不會有任何的問題發生，然而機械裝置有時無法做到如此的精密，因此有可能某些位元會先變化，當然最後仍然會到達其所要變化之值，以前面的變化為例子，最後一定會到達1000，然後中間的轉態過程可能會造成誤判的情形，例如 0111→1000 可能為便成 0111→1111→1010→1000，那麼多出來的 1111 及 1010 狀態可能會造

成誤動作。基於此理由一般的絕對型編碼器不會採用這種的編碼方式,而是採用格雷碼(Gray Code),因為格雷碼在相鄰的兩個值之間只有一個位元的變化,因此就不會有二進制碼中,兩個值之間有數個位元同時發生變化的情形。格雷碼與一般二進制碼的對換表如表 7.2 所示。

口表 7.2 十進制、二進制、與格雷碼的對應表(四個位元)

| 十進位值 | 二進位值 | 格雷碼 |
|---|---|---|
| 0 | 0000 | 0000 |
| 1 | 0001 | 0001 |
| 2 | 0010 | 0011 |
| 3 | 0011 | 0010 |
| 4 | 0100 | 0110 |
| 5 | 0101 | 0111 |
| 6 | 0110 | 0101 |
| 7 | 0111 | 0100 |
| 8 | 1000 | 1100 |
| 9 | 1001 | 1101 |
| 10 | 1010 | 1111 |
| 11 | 1011 | 1110 |
| 12 | 1100 | 1010 |
| 13 | 1101 | 1011 |
| 14 | 1110 | 1001 |
| 15 | 1111 | 1000 |

## 7.4.2 增量型編碼器

前面介紹之絕對型編碼器雖然具有可以知道任何一個位置的絕對值的優點,然而其所能涵蓋的解析度太低,而且經過一圈之後所有的數值仍然會重複,因此有其存在的缺失。為了克服這一部分的問題,乃改採只計算相對於

某一個基準的增量值（角度）的方式來安排編碼器，由於是採用相對於某一基準點的增量值計算，所以稱之為增量型編碼器。增量型編碼器與圖 7.5 所示的編碼器原理圖相似，不過無法由他的輸出信號判斷轉向，因此必須要將之加以修正。在實用的增量型編碼器中，為了判斷旋轉的方向，因此使用了兩組相位差 90 度的光柵，以便依據是哪一個相位領先來判斷旋轉的方向。另外在某一個圓周上作一個光柵，這個光柵在這個圓周上只有一個，其作用是當成零點位置之用。增量型編碼器的動作圖如圖 7.9 所示。

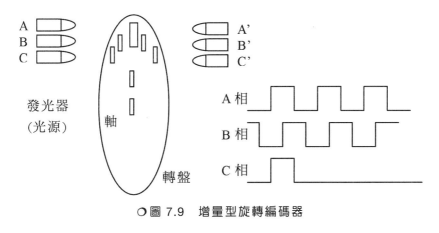

○ 圖 7.9　增量型旋轉編碼器

在圖 7.9 的增量型編碼器中有 A、B、C 三組的發光與接收器，其中 A、B 兩相的相位差 90 度，後端的信號處理電路可以依據，哪一個相位領先來判斷方向。而 C 相是作為參考點使用。

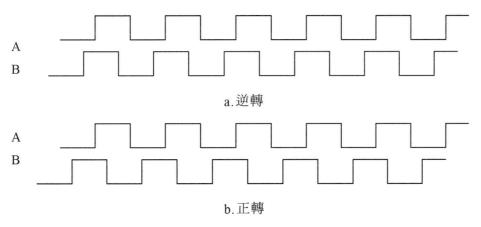

○ 圖 7.10　增量型編碼器的方向判斷

增量型編碼器與絕對型編碼器各有其待色，在增量型編碼器方面，訊號線較少，體積可以較小，構造上也較容易達到較高的解析度，在位置判斷上較為準確，而其輸出為脈波串列，因此在斷電後資料即消失。而絕對式編碼器的輸出為二進制碼或是格雷碼，因此在某些處理場合上較為方便，即使斷電後資料依然可以保有。但是解析度較差，需要更多的訊號接收處理電路，則為其缺點。此外，編碼器也有以接觸型、非接觸型、或光學式、磁感應式加以區分，目前則是以光學式非接觸型為其應用主流。

## 7.5 光學尺

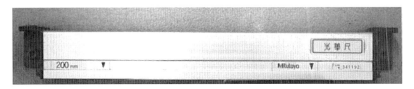

○圖 7.11　光學尺外型圖

光學尺基本的工作原理與編碼器是相同的，光學尺一般用來做直線位移的感測，因此也稱為直線式編碼器。圖 7.11 是光學尺的外型圖。光學尺是由許多固定間隔之不透光平行線所組成，而且是固定在光源和光電元件之間。當光電元件與光學尺間有相對運動時，感測元件便可測得光線明及暗之狀態，此信號可轉換成一系列之脈衝，而由於格線之間隔已知，所以只要將所取得之脈衝數，再乘以間隔(Spacing)即可得到位移值。

光學尺原理同光學編碼器，但為直線位移之量測元件解析度一般為 0.01mm，廣泛使用在自動化之工業，如 NC 機器。尤其光學編碼器更常與伺服電動機搭配便用，作為位置、轉角、轉速及速度等控制。

光學尺(Linear Scale)主要使用在直線運動的距離量測，其基本結構是由光柵直尺、光罩板與兩組光源發射器，及接收器所組成，如圖 7.12 所示，其中光柵直尺與光罩板皆是由間隔均勻分布的透光及不透光的線條相間而成，光柵間距越細，光學尺的解析度就越高，機械製造困難度也提高。光罩板上線條分佈可分成兩個部分，如圖 7.13 所示，光罩 A 與光罩 B 有 90°的角度差，當光罩 A 與光柵直尺上的光柵對齊時，光罩 B 與光柵直尺上的光柵恰好錯開成 90，當光罩與光線接收器被機具帶動時，光線接收器 A 與光

線接收器 B 的信號亦隨光線強弱做變化，信號經放大整形電路後，可以用方波輸出。

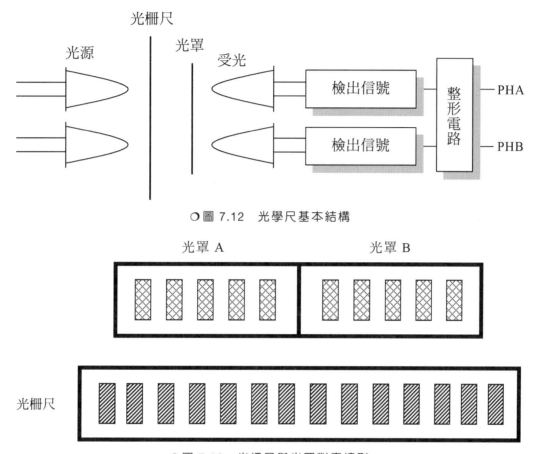

○圖 7.12　光學尺基本結構

○圖 7.13　光柵尺與光罩對應情形

　　由以上敘述可歸納出下列幾點光學尺特點：

1. 由光線接收器輸出之脈衝數可知移動的距離。

2. 由光線接收器 A 與光線接收器 B 的相位超前或落後，可以辨別出光學尺是左移或右移。

3. 由脈衝週期的時間，及光柵間隔可以知道光學尺被帶動的速度。

　　一般光學尺實際有五支接腳，分別為提供光線發射接收及放大整形電路使用之電源(Vcc)、接地(GND)、光線接收信號(PHA)、光線接收信號(PHB)、參考點輸出(ABS)。所謂 ABS 信號，是光學尺在每 5 公分距離處加上光柵孔

及信號檢知，假若移動距離有 5 公分便產生一校正誤差的信號，如此才不致
於有累計的距離誤差存在。

## 7.6 同步器與分解器

同步器是一種機電裝置(Electromechanical)裝置，其基本構造是由一個
轉子(Rotor)，一組分相的定子(Stator)線圈，和可旋轉的輸出軸所組成。其主
要的功能是量測可旋轉軸之主要位置和角度。同步器依其定子的繞線和建構
的堅固度，可以分成兩種不同的同步器：

1. **控制同步器**(Control Synchro)：其主要用處是用以指示遠端受測設備的
   位置，其所使用的定子繞線較細，且結構上比較沒有那麼堅固。

2. **轉矩同步器**(Torque Synchro)：主要是利用遠端所送來的信號，以進行
   控制的任務。

☐ 表 7.3 控制同步器與轉具同步器之差異

|  | 繞線 | 重量 | 結構 | 定值 | 作用 |
|---|---|---|---|---|---|
| 控 制 | 細 | 輕 |  | 低 | 指示 |
| 轉 矩 | 粗 | 重 | 堅固 | 高 | 控制 |

同步器一般是以成對的方式存在，以進行相關的功能，其中在遠端負責
與被測或信號輸入側連接的稱為控制傳送器(CX：Control Transmitter)，而另
一側作為信號指示的同步器稱為控制接收器(CR：Control Receiver)，這種組
合一般稱為 CX-CR 系統。另一方面，在轉矩同步器的場合中，控制傳送器
對應到轉矩傳送器(TX：Torque Transmitter)，而控制接收器則對應到轉矩接
收器(TR：Torque Receiver)，這種組合一般稱為 TX-TR 系統。

同步器的基本工作原理類似於變壓器，其中轉子對應到變壓器的一次
側，而定子則是對應到變壓器的二次側。吾人可以用下圖說明轉子和定子之
間信號的關係：

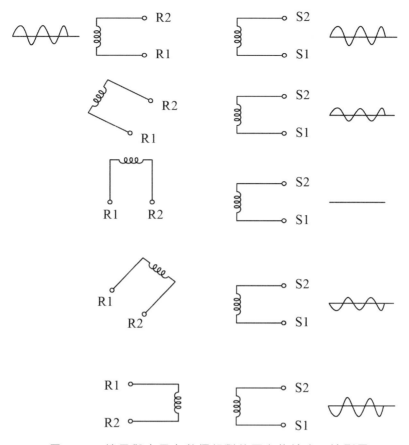

○圖 7.14 轉子與定子在數個相對位置上的輸出入波型圖

　　由圖 7.14 可以看出定子的
電壓會隨著轉子的角度($\theta$)而變
化,其中在第一個圖中,$\theta$ 為 0°
時吾人稱這個位置為零電位。在
實際的同步器中,其定子繞組為
三相,其結構如圖 7.15 所示。
其中轉子是經由集電環而取得外
部的供應電壓,而且轉子的轉動
角度是由外部的機械動作,或是
手動方式輸入的。而三組定子的
繞線,在空間中各差 120°的角
度。

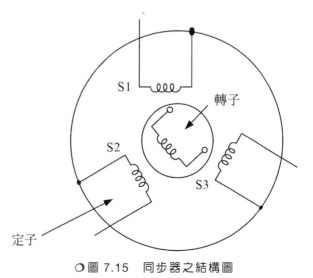

○圖 7.15 同步器之結構圖

根據上面的單向變壓器的探討，我們可以列出同步器中轉子與定子之間的電氣關係：

若：

$$E_i = E_m \sin vt$$

則相間電壓為：

$$E_{s1} = n\, E_m \sin vt\ \cos\theta$$
$$E_{s2} = n\, E_m \sin vt\ \cos(\theta+120°)$$
$$E_{s3} = n\, E_m \sin vt\ \cos(\theta+240°)$$

而線間電壓則為：

$$E_{s1s2} = E_{s1} - E_{s2} = -n\,\sqrt{3}\ n\, E_m \sin\left(\theta+240°\right)$$
$$E_{s2s3} = E_{s2} - E_{s3} = \sqrt{3}\ n\, E_m \sin\theta$$
$$E_{s3s1} = E_{s3} - E_{s1} = \sqrt{3}\ n\, E_m \sin\left(\theta+120°\right)$$
$$\theta = \sin^{-1}\frac{E_{s2s3}}{\sqrt{3}\ n\, E_m}\ \dots\dots\dots\dots\dots\dots\dots\dots\dots\dots\dots (7\text{-}3)$$

因此吾人可以藉由 7-3 式，而測量出 $E_{s2s3}$ 之電壓，進而導出 $\theta$ 值。在應用上，CX-CR 是採成對方式存在，其接線方式如下：

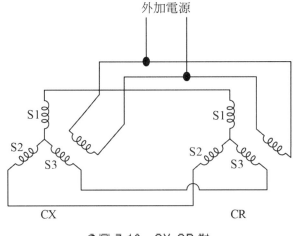

○圖 7.16　CX-CR 對

　　當輸入處的被測物體使得 $\theta$ 產生變化時，CT 上三個相關電壓會產生變化，而因為 CX 與 CR 的定子是採並聯方式，因此 CX 上線電壓之變化會導致與 CR 之間的電壓不平衡，此不平衡電壓會促使 CR 的轉子轉動，直到 CR 轉子轉動之角度 $\theta_R$ 促使其定子上之電壓和 CX 上之電壓相同時，便會停止轉動，此時

$$\theta_X = \theta_R$$

　　另外有一種與 CX、CR 類似的機電裝置，也經常用於自動控制系統中的裝置稱為控制變壓器(CT:Control Transformer)。吾人可以將控制變壓器想像成將 CX-CR 系統封裝在一個機殼內，而將 CX 和 CR 的轉子繞線拉出，其中 CX 的轉子繞組是接到一個固定的電壓，而 CR 的轉子則是輸出電壓，此電壓為 CX 轉子的角度 $\theta_X$ 和 CR 轉子之角度 $\theta_R$ 之差的函數。其關係下式如下所示：

$$v_O = \frac{1}{\sqrt{3}} \sin(\theta_X - \theta_R)$$

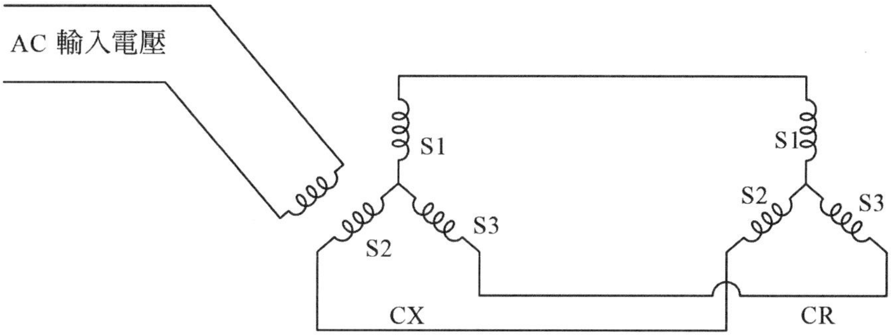

○圖 7.17　控制變壓器

　　如果手邊沒有 CT 可以使用，也可以利用 CX-CR 系統來改裝。CT 的輸出電壓稱為誤差電壓，所以 CT 有時也稱作誤差偵測器(Error Detector)而且通常在自動控制系統用於控制位置。

## 7.7 分解器

分解器(Resolver)也是一種機電裝置，其除了如同同步器一般可用於測量位置資訊之外，也是有執行三角函數計算的能力。另一方面，分解器也可以將物體位置的極座標轉換成直角座標，這個過程一般稱為分解(Resolving)，另外分解器也可以將物體位置的直角座標轉成極座標，這個過程稱為結合(Composition)。分解器的構造也是由轉子和定子所組成，其中轉子有兩組互相成 90°的線圈，而定子也有兩組互相成 90°的線圈，其結構圖如下所示：

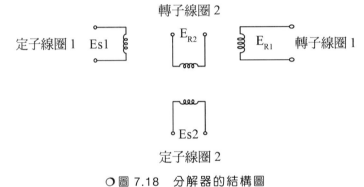

○ 圖 7.18　分解器的結構圖

其中
$$E_{R1} = E_{s1} \cos\theta + E_{s2} \sin\theta$$
$$E_{R2} = E_{s2} \cos\theta - E_{s1} \sin\theta$$

1. 量測位移的感測器有哪些？

2. 請說明 LVDT 之構造原理及舉出五種應用範例。

3. 說明光學尺基本構造原理與信號輸出型式及如何判斷光學尺左右移動。

4. 說明編碼器基本構造原理與信號輸出型式及如何判斷編碼器正反轉。

5. 請說明增量型編碼器與絕對型編碼器有何不同。

6. 請分別說明光學尺與編碼器規格標示。

7. 何謂同步器與分解器，請說明應用場合。

MEMO

CHAPTER

# 08

# 光電量測元件

　　光線是自然界的物理量，若將光線視為粒子的話，則我們可以將之稱為光子(Photon)。如同任何的粒子一般，光子也具有能量，而且在運動時也具有動能，不過光子是沒有質量的。依據愛因斯坦的相對論，這個動能可以表示為：

$$P = \frac{hf}{c} = \frac{h}{\lambda} \quad\text{.....................................} (8\text{-}1)$$

其中：P=能量(kg-m/s)

　　　　h=普郎克常數$(6.62*10^{-34}\text{J-s})$

　　　　f=頻率(Hz)

　　　　c=光速(m/s)

　　　　$\lambda$=波長(m)

　　而每一個光子所具有的能量可以表示為：

$$E = hf \quad\text{..........................................................} (8\text{-}2)$$

其中：E=能量(J)

　　　　h=普郎克常數$(6.62*10^{-34}\text{J-s})$

　　　　f=頻率(Hz)

　　由 8-2 式可以看出每一個光子的能量，完全由其頻率所決定。而光線所呈現的顏色會依據其頻率或是波長的不同，而有所不同。表 8.1 列出可視光之波長，各位可以一併參閱圖 8.1 的電磁頻譜，以得知可視光在整個電磁頻譜中的位置。

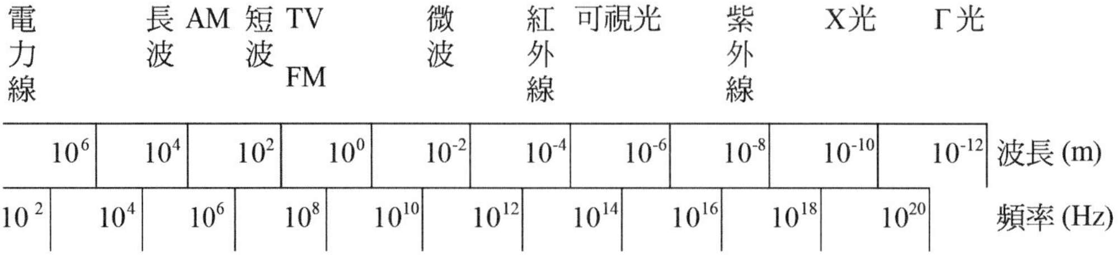

| 電力線 | 長波 | AM | 短波 | TV FM | 微波 | 紅外線 | 可視光 | 紫外線 | X光 | Γ光 | |
|---|---|---|---|---|---|---|---|---|---|---|---|
| | $10^6$ | $10^4$ | $10^2$ | $10^0$ | $10^{-2}$ | $10^{-4}$ | $10^{-6}$ | $10^{-8}$ | $10^{-10}$ | $10^{-12}$ | 波長 (m) |
| $10^2$ | $10^4$ | $10^6$ | $10^8$ | $10^{10}$ | $10^{12}$ | $10^{14}$ | $10^{16}$ | $10^{18}$ | $10^{20}$ | | 頻率 (Hz) |

○ 圖 8.1　電磁頻譜

◻ 表 8.1 可視光的波長

| 光線顏色 | 波長 |
|:---:|:---:|
| 紅 | 700→650 nm |
| 橙 | 650→600 nm |
| 黃 | 600→550 nm |
| 綠 | 550→500 nm |
| 藍 | 500→450 nm |
| 紫 | 450→400 nm |

在探討光電效應時，我們會使用 SI 單位作為量測時的標準單位，下面我們將定義一些在光電量測上面，常使用到的單位。當光線撞擊到物體的表現時，物體表面會發光，而此發光的量吾人定義為照度(Illuminance)：

$$E = \frac{F}{A} \quad\dots\dots\dots\dots\dots\dots\dots\dots\dots\dots\dots\dots\dots\dots \text{(8-3)}$$

其中：E＝照度 $(\text{lm/m}^2)$

　　　F＝流明 $(\text{lm})$

　　　A＝面積 $(\text{m}^2)$

其次要定義光的強度。若將點光源放置在一個半徑為 R 的球面體上，則由立體角α所形成之面積 $A=R^2$ 上的光強度定義為：

$$I = \frac{F}{\alpha} \quad\dots\dots\dots\dots\dots\dots\dots\dots\dots\dots\dots\dots\dots\dots \text{(8-4)}$$

其中：I=光強度（cd，燭光）

　　　F=流明(lm)

　　　$\alpha$=立體角(sr)

## 8.1 光傳導效應元件

任何半導體材料均含有容許能帶與禁止能帶的區域,在禁止能帶隙之上為傳導帶(Conduction Band),而在下方為價電帶(Valence Band)。至於在半導體物理中最重要的參數能帶隙(Band Gap)$E_g$,則是位於傳導帶與價電帶之間。在半導體物理中常見的元件的能帶隙如下:Ge 為 0.66eV,Si 為 1.12eV,GaAs 為 1.42eV。

當入射光子的波長 λ 具有下列關係時:

$$\lambda \leq \frac{hc}{E_g}$$ ............................................................................... (8-5)

入射到半導體的光子會被吸收,會將半導體中的電子由價電帶中激勵到傳導帶中,而且只要電子仍然停留在傳導帶中,則會使得半導體的導電率增加,也就是降低半導體所呈現之電阻值,這種效應稱為光傳導效應(Photoconductive)。利用這種效應所製作出來的典型光電元件有光敏電阻,光二極體及光電晶體等。

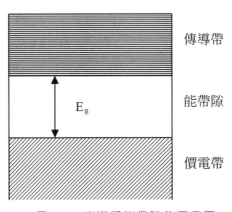

○ 圖 8.2 半導體能帶隙的示意圖

 ### 8.1.1 光敏電阻(Photoresister)

光敏電阻是一種由半導體材料所製成之電阻器,其電阻會隨照射於其上之光線而變化。常使用之材料有硫化鎘(cds),硒化鎘(cdse)、鍺(Ge)、矽(Si)

等。其基本之動作原理在前面已經敘述過,當光子作用於半導體材料上,會改變導電率。當光線弱時能量低,因此光敏電阻呈現極高之電阻值;反之當光線強時呈現甚低之電阻值。藉由電阻值受光線影響而變化之情形,吾人可用之來量測光線、位置等物理量。圖 8.3 是光敏電阻的示意圖,而圖 8.4 則是一些光敏電阻的應用範例。光敏電阻的外形一般是圓形,大小的直徑大約在 5 到 35mm。

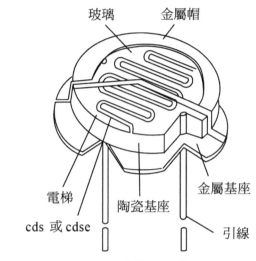

○ 圖 8.3　光敏電阻構造圖

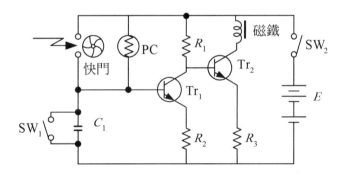

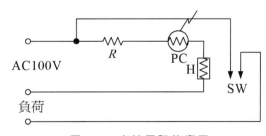

○ 圖 8.4　光敏電阻的應用

## 8.1.2  光二極體

在半導體 p-n 接面上會產生一個空乏區,這個空乏區會產生一個電場,以阻止擴散電流的持續發生。現在如果空乏區內吸收一個入射的光子,則會產生電子電洞對,因此空乏區的電場會引起電子與電洞分離,若接上迴路則會有電流產生。圖 8.5 是光二極體的等效電路。

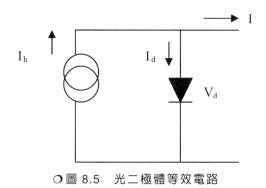

○ 圖 8.5　光二極體等效電路

在圖 8.5 的等效電路中,假設入射的光子全部皆被吸收,則 $I_h$ 為:

$$I_h = \frac{\eta I_o A q \lambda}{hc} \quad\text{(8-6)}$$

其中:Io=光照度 (cd)

　　　$\eta$=電子電洞對吸收效率

　　　A=元件的面積($m^2$)

　　　Q=電荷($1.6 \times 10^{-19}$C)

　　　h=普郎克常數($6.62 \times 10^{-34}$J-s)

　　　c=光速(m/s)

　　　$\lambda$=波長(m)

而圖 8.5 等效電路中,二極體的順向電流為:

$$I_d = i_o(e^{\frac{V_d}{\eta V_T}} - 1) \quad\text{(8-7)}$$

其中：$i_o$=二極體逆向飽和電流

$V_d$=二極體電壓

$\eta$=常數，其中 Ge 為 1，而 Si 為 2

$V_T = \dfrac{^\circ K}{11600}$ $^\circ K$ 是以絕對溫度表示的溫度值

所以光二極體的輸出電流為：

$$I = I_h - I_d \quad \cdots\cdots\cdots\cdots\cdots\cdots\cdots\cdots\cdots\cdots\cdots\cdots\cdots\cdots\cdots \quad (8\text{-}8)$$

如果令圖 8.5 中的 $V_d$=0，則 $I_d$=0，此時的 $I=I_h=I_{sc}$ 稱為短路電流。

光二極體的應用極為廣泛，典型的應用有用於光電開關、讀卡機、照相機、煙霧感知器、電視遙控器等。在這些應用中，一般會利用運算放大器將短路電流 $I_{sc}$ 轉換成電壓，以便讓後面的電路可以做進一步的運算（參閱圖 8.6）。

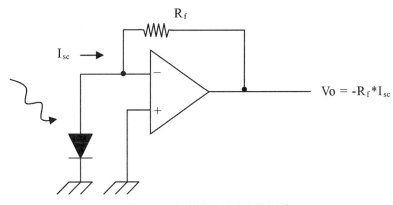

○圖 8.6　電流對電壓轉換電路

 ### 8.1.3　光電晶體

光二極體的輸出一般比較小，因此通常都需要經過放大之後才可以使用。而一般的雙載子或是單載子電晶體，都可以經過修整而作為光感測元件，這種元件稱為光電晶體。由於有電晶體的內容，所以光電晶體相較於光二極體，有比較高的增益。圖 8.7 是光電晶體的等效電路。光電晶體與一般雙載子電晶體最大的不同之處，是在於光電晶體有一個非常大的基極與集極

接面，這個接面的目的是要用來接受光子的入射。圖 8.7 中的集極電流可以表示為：

$$I_c = I_{CB} + h_{FE} * I_{CB} = (1 + h_{FE}) * I_{CB}$$ ················· (8-9)

而因為基極電流 $I_{CB}$ 與基極集極短路電流非常接近，所以 IC 可以改為：

$$I_c = h_{FE} * I_{SC}$$ ················· (8-10)

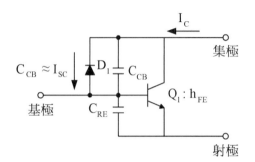

D$_1$ ：集極－基極接合光二極體
Q$_1$ ：npn 電晶體
C$_{CB}$ ：集極－基極接合電容
C$_{BE}$ ：基極－射極接合電容
h$_{FE}$ ：npn 電晶體的電流增益
I$_C$ ：光電流（集極電流）
I$_{SC}$ ：光二極體的短路電流

○ 圖 8.7　光電晶體等效電路

　　光電晶體的典型應用是將發光二極體(LED)與光電晶體置於同一個封裝內，此種組態一般稱為光耦合器(Photo Coupler)，如圖 8.8 所示。這種組態在工業界中使用非常的廣泛，尤其在有雜訊干擾的場合更是常用。這種組態通常是用來將外界的數位信號，透過光耦合器的耦合將之轉換到電腦或是電子電路中，由於轉換是透過光線進行，所以可以將雜訊排除在外。

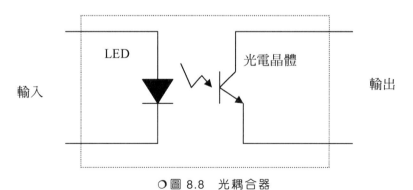

○ 圖 8.8　光耦合器

光電晶體的另一個應用是利用發光二極體(LED)與光電晶體配對使用，以便感知是否有物體通過偵測範圍，其結構如圖 8.9 所示，一般將此種組態稱為光遮斷器。

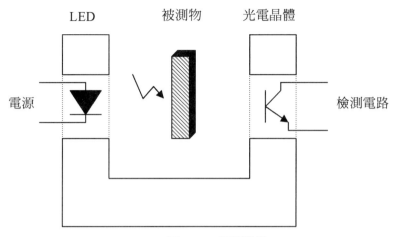

LED　　被測物　　光電晶體

電源　　　　　　　　　　　　　　檢測電路

○ 圖 8.9　光遮斷器

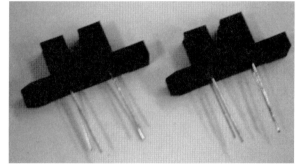

○ 圖 8.10　光遮斷器的外型圖

 ### 8.1.4 紅外線二極體

紅外線二極體為常見的發光元件，與一般發光二極體 LED 不同處，乃在於半導體材質不同，發射出的光譜不同而已，發光二極體所發出的光為可見光，常見的發光二極體的顏色有紅色、黃色、綠色等，發光強弱可由肉眼分辨，而不可見光發光二極體即使是發射出去了，亦難以肉眼辨知發射情形。

紅外線發射、接收器的使用廣泛，常見用於兩種狀況，一種是近距離，排除外界光源雜訊方式，進行讀孔檢知或遮斷檢知；另一種是數公分到數公

尺的紅外線發射、接收,將發射信號載波發射出去,再由紅外線接收器檢出放大濾波求得發射的訊號,不管近距離或遠距離,發射的光譜與接收二極體感應的光譜必須相同,所以紅外線射、發接收器在使用前,必須先了解其規格及特性,再進行使用的電路設計。

## 8.2 光放射效應元件

當某些材料表面受到光之照射及撞擊後,其表面會放射光子之現象稱之所以(Photoemissive)。典型的元件有真空光二極體、光倍增管等。下面將分別介紹這兩種利用光放射效應所做出來的元件。

 ### 8.2.1 真空光二極體

真空光二極體是將陽極和光陰極放在同一個真空管之內,其中光陰極為光發射表面,而在陽極上加上正電壓。

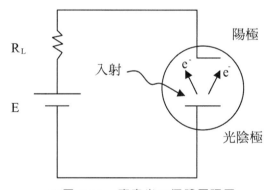

○圖 8.11　真空光二極體原理圖

當光照射在光陰極時,光子入射的動能會激發光陰極板上的電子,這些電子被激勵之後便會發射,而被陽極所捕捉,因此便會形成電流,而此電流的大小是正比於入射光的強度。一般而言,真空光二極體的輸出都是很小,因此都需要作放大。

## 8.2.2　光倍增管

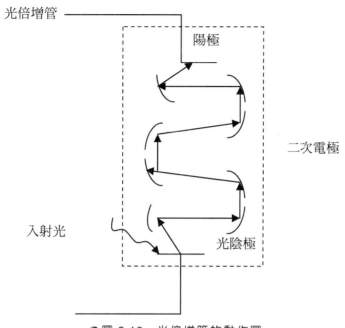

○ 圖 8.12　光倍增管的動作圖

　　光倍增管的原理和真空二極體類似，只不過有一連串的二次電極存在，而這些電極上的電壓，由最接近光陰極的電極板開始，逐漸增加其電壓，使得由光陰極所發射的電子，會受到這一連串電極的加速。當光陰極的電子撞到二次電極時，其所撞擊之能量會導致二次電極上有數個二次電子產生，而這些二次電極所產生的二次電子又會朝向下一個二次電極前進，並且會以更高的速度撞擊下一個二次電極，而導致更多的二次電子產生，因此電子的數量會隨著經過的二次電極的數目激增，直到到達最後的陽極為止。假設每一入射光子在每一個二次電極上平均會撞出 n 個二次電子，若全部有 N 個電極，則在陰極和陽極之間所可以的到的電流增益為：

$$A_I = n^N$$

## 8.3 光伏打效應元件

當某種材料受到光線照射時，會產生正比於光線強度之 DC 電壓時，稱為光伏打效應(Photovoltaic)。典型的元件有太陽電池。由於具有光伏打效應的材料大多是半導體材料，因此絕大多數的光伏打元件的行為都類似於 pn 二極體的行為。由 8-7 式可以知道二極體的順向電流與偏壓電壓大小成正比，一般二極體的偏壓電壓是由外部電源供應，而光伏打效應元件的偏壓電壓是由入射光撞擊材料所造成的，而且此電壓正比於入射光線，因此順向偏壓電流正比於入射光線的大小。

## 8.4 光電開關

光電開關可以利用前面介紹過的基本光電元件，以感測外界物體的存在性。光電開關是非常普遍使用的非接觸式開關，在偵測物體的存在性時，可以不需要與被偵測的物體接觸。

光電開關基本上可以分為投光部與接收部，其中投光部是用以製造出要偵測被測物之光源，而接收部則是要接收投光部所發射之光線。

投光部所使用的光源種類有許多種類，由於 LED 具有壽命長、價格便宜、所需之電力小，以及小型化等優點，因此是最常使用的光線種類。另外白熾燈泡也是可以使用的光源，其具有成本低之優點，不過使用上要注意容易破裂之問題。上面所提到的兩種光源都是屬於可視光，其所發出之光線肉眼可以看的到，下面要介紹的屬於不可視光，一般用肉眼無法看到。近來雷射光也逐漸用來當成光源，雷射光具有容易調變之優點，因此可以適用於防盜或是保全等較特殊之用途。

至於接收部所使用的元件，大抵上是使用前面所介紹的一些基本光電元件，例如光二極體、光電晶體、以及光敏電阻等。在應用上使用者基本上可以不需要知道所使用的元件為何，因為光電開關是以一個完整的封裝出貨，使用者只是取出其接點來使用。

光電開關依據投光部與接收部的安排，以及信號檢測之方式可以分成下列幾種組態：

1. 遮斷型

2. 反射型

3. 鏡反射型

## 8.4.1 遮斷型

　　遮斷型光電開關的投光部與接收部是分開的，兩個分處在不同的位置。在正常之下投光部所發出來的光線，可以正常地入射到接收部，使得接收部可以得到輸出信號。當被測物進入偵測範圍時，會將投光部所發射出來的光線遮住，使得接收部無法接收到由投光部所送來的信號，因此可以得知已經有被測物進入感測範圍之內。圖 8.10 的光遮斷器就是屬於遮斷型光電開關的一種，而圖 8.13 是遮斷型光電開關的示意圖，圖 8.14 是遮斷型光電開關的應用。

　　遮斷型光電開關一般是用於安全或是保全的監視之用，例如門禁管制或是機台操作時安全範圍的界定，像是衝床的安全機制，就是使用這一型的光電開關。遮斷型光電開關的優點是動作確實，在正常使用之下其失誤率甚低。而其缺點是安裝上必須要放置在兩個不同的地點上，增加安裝上的麻煩性。

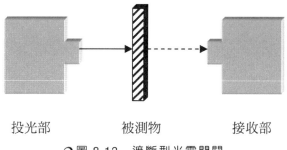

投光部　　　　　　被測物　　　　　接收部

○ 圖 8.13　遮斷型光電開關

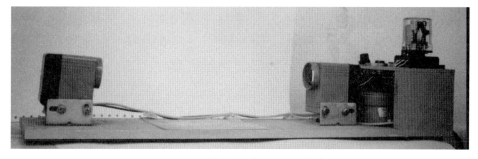

○ 圖 8.14　遮斷型光電開關的應用

###  8.4.2 反射型

不同於遮斷型光電開關將投光部與接收部分離，反射型光電開關是將投光部與接收部放在同一個封裝之內，圖 8.15 是反射型光電開關的示意圖。由圖 8.15 可以看出在正常之下，投光部所發射之光線無法反射回接收部，因此在接收部上沒有信號。當有物體進入量測範圍時，投光部所發射之光線可以經由這一個物體的反射到接收部，使得接收部可以得知有物體進入偵測區域之內。

反射型光電開關使用最廣泛的地方是自動門，在一般的商家門口或是百貨公司門口，都可以看到這類型的裝置，以便當客戶上門時可以自動地開門。另外男生廁所使用之小便斗自動沖水系統，也是使用這一類型的光電開關。反射型光電開關的優點是安裝上比遮斷型來的方便，而比較顯著的缺失是失誤率比遮斷型來的高。

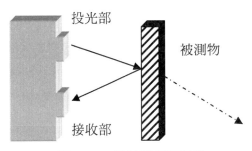

○圖 8.15 反射型光電開關

### 8.4.3 鏡反射型

鏡反射型是綜合前面所敘述之遮斷型與反射型的原理，所製作出來的光電開關，圖 8.16 是鏡反射型光電開關的示意圖。由圖 8.16 可以看出，正常之下投光部所發射之光線可以經由鏡面的物體反射回接收部，當有物體進入偵測範圍時，由該物體所反射回來之光線由於位置的不同，而無法回到接收部所以接收部便沒有信號，藉此偵測出物體的存在，這一部分的原理與遮斷型類似。而鏡反射型的投光部與接收部都是在同一個封裝之內，因此在構造上與反射型類似。

鏡反射型可以安裝在無法將投光部與接收部放在不同的兩個地方之場合，因為鏡反射型的安裝方式與反射型類似。鏡反射型可以用在停車場中，

停車格的使用情形之偵測。在安裝上是將鏡反射型光電開關安裝在天花板上，而在停車格內放置一個鏡面的物體（陷入到地面以下），以便監視停車格的使用情形。

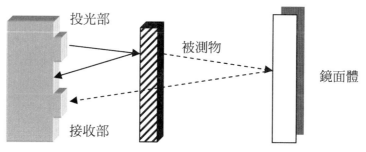

○ 圖 8.16　鏡反射型光電開關

在某些實際的應用中，由於環境或是安裝場地的限制，使得無法使用一般型的光電開關，此時可以利用光纖將投光部與接收部引到最接近被測物的地點，如此便可以克服環境上的限制，圖 8.17 就是光纖型光電開關的外型圖。

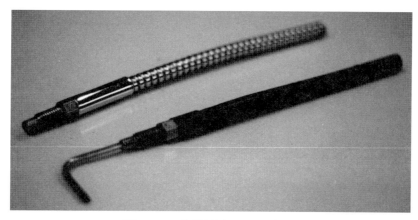

○ 圖 8.17　光纖型光電開關的外型

 習 題

1. 何謂照度？其單位為何？

2. 何謂光強度？其單位為何？

3. 請說明光敏電阻作動原理與應用場合。

4. 請分別說明光遮斷器、光耦合器及反射型光電開關之原理與應用場合。

# CHAPTER 09

# 近接開關

## 9.1 簡 介

近接開關是一種在自動化場合中，經常使用到的開關元件，由於其與被測物不會接觸，所以壽命很長，常用的近接開關有：

1. 高頻型。

2. 電容型。

3. 磁力型。

以下分別介紹之。

## 9.2 高頻型近接開關

高頻型近接開關主要是利用渦流(Eddy Current)效應所製作的近接開關。如圖 9.1 所示之結構，其中線圈通以高頻的電流，當有導體接近鐵心時，在導體上面會產生渦流，此電流的大小和通過導體的磁通成正比。而此渦流會讓磁通的變化受到阻擾。當線圈越接近導體時，渦流也會變得越大，同時磁通的變化量也會變大，高頻型近接開關就是利用這一個磁通變化的情形，而檢測出物體的存在性。

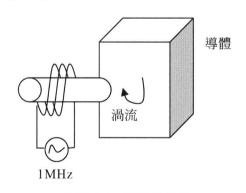

○圖 9.1　渦流的現象

在圖 9.2 中，被測物尚未出現在高頻震盪電路之線圈時，此線圈處於震盪之狀態。當物體接近時，由於渦流效應導致線圈之磁通量變化，進而改變線圈之感抗，而造成震盪線圈停止震盪，而這個變化可以導致信號處理電路得知有物體接近。

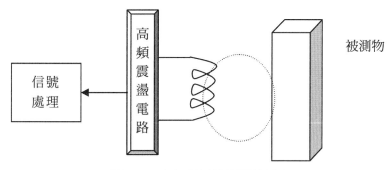

○圖 9.2　高頻型近接開關的原理圖

## 9.3 電容型近接開關

　　電容型近接開關是利用在高頻電場中，所引起之分極現象，導致電容量的變化，而偵測出物體的存在。

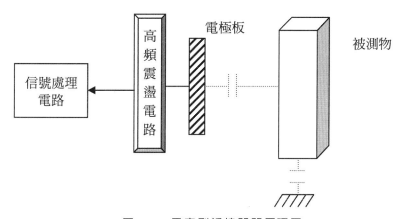

○圖 9.3　電容型近接開關原理圖

　　在圖 9.3 中，被測物不存在時，高頻震盪電路處於正常的震盪狀態。而高頻震盪電路的一部分連接到電極板，使得在電極板上產生了高頻電場。當被測物接近時，電極板和被測物表面產生了分極現象，使得電容產生變化（如圖 9.3 中以虛線所繪製的電容）。而信號處理電路就可以經由電容的變化，而得之物體的存在性。

　　電容型近接開關可以適用於任何介電物質的偵測，其外觀如圖 9.4 所示。

○ 圖 9.4　電容型近接開關外型圖

## 9.4 ▶ 磁力型近接開關

　　磁力型開關只能用於檢測出磁性體或是磁鐵類物質的存在性，而不適用於其他材料的檢出。一般而言磁力型近接開關的檢測元件有霍爾元件與磁簧開關(Reed Switch)。

　　磁鐵的磁力線在磁鐵外部是由 N 極出發回到 S 極，在內部則是由 S 極到 N 極，以構成封閉的迴路，如圖 9.5 所示。

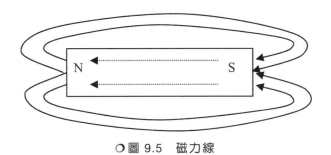

○ 圖 9.5　磁力線

　　在磁力線所涵蓋的範圍中，任何的鐵磁性材料都會被磁化，使得該鐵磁性材料也成為磁鐵，而原來的磁鐵與由磁化所產生的磁鐵便會互相吸引。我們平常用磁鐵吸起鐵釘，鐵片等就是利用這個原理。

　　磁簧開關就是使用這個原理作成的，磁簧開關是將軟質強鐵磁性材料封入到玻璃管之內，在玻璃管之內只封入少數的惰性氣體。當磁簧開關位在磁鐵的磁力線範圍之內時，磁簧開關內的兩片開關接點會被磁化，其磁化的方向和磁性如圖 9.6 所示。當開關內的接點片磁化後的磁力大於機械的彈力時，兩片開關接點便會閉合，而使得電路導通。

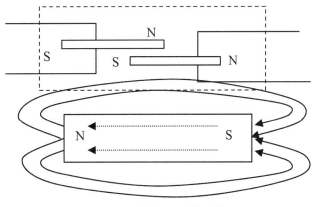

○ 圖 9.6　磁簧開關的動作圖

　　磁簧開關在使用上是讓磁簧開關本體和磁鐵分別封著在兩個封包之內，而讓開關元件進入磁鐵磁力線之範圍的方式進行偵測。而當開關元件和磁鐵在作相對運動時，由於運動方式的不同而會有不同的反應。以下茲逐一說明。

　　磁鐵以垂直方式接近和離開開關元件圖 9.7(a)，則由接近到離開開關元件會作動一次（圖 9.8b）。

　　磁鐵以水平方式接近和離開開關元件（圖 9.7b），則由接近到離開開關元件會作動三次（圖 9.8a）。

　　磁鐵以擺動的方式接近和離開開關元件（圖 9.7c），則由接近到離開開關元件會作動一次（圖 9.8b）。

　　磁鐵作成環狀而套在開關元件之外（圖 9.7d），則當磁鐵由接近開關元件到離開之際，開關元件會作動三次（圖 9.8a）。

　　磁力型近接開關就是使用磁簧開關為基本感測元件，因此磁力型近接開關只能適用於磁鐵。

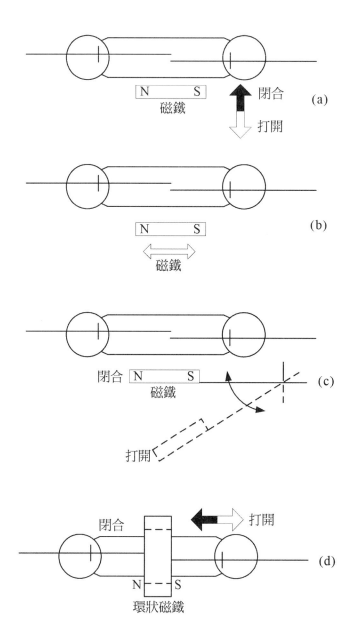

○ 圖 9.7　磁簧開關與磁鐵的相對運動

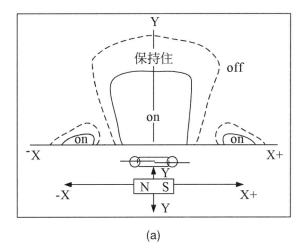

(a)

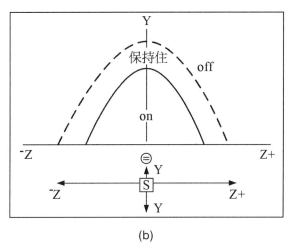

(b)

◯ 圖 9.8 磁簧開關的動作圖

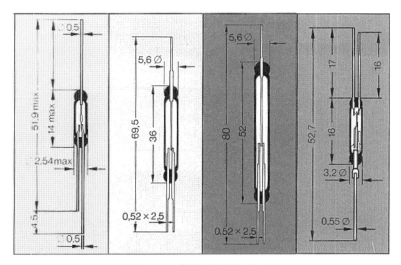

◯ 圖 9.9 磁簧開關的尺寸圖

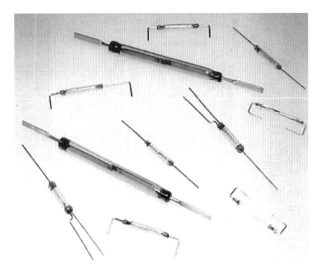

○ 圖 9.10　磁簧開關的外型圖

　　圖 9.11 是使用磁簧開關為感測元件的磁力型開關的應用例子，這個例子是一般保全系統中偵測窗戶開啟的機制。在圖中磁簧開關是安裝在窗戶的框上，而磁鐵是裝在窗戶上。之所以要這樣安排是因為磁簧開關需要連接到後端的偵測電路，因此將之裝在固定的框架上，而不需要任何接線的磁鐵則是裝在會移動的窗戶之上。

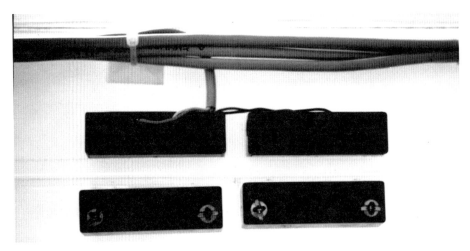

○ 圖 9.11　磁力型近接開關的應用

習題

1. 請說明高頻型近接開關基本原理。

2. 請說明電容型近接開關基本原理。

3. 請說明磁力型近接開關基本原理。

4. 高頻型近接開與電容型近接開關在感測物體上有何不同？

5. 在氣壓缸上常使用磁簧開關做為位置感測，請繪圖說明此種磁簧開關的作動原理。

MEMO

CHAPTER

10

# 濕度量測

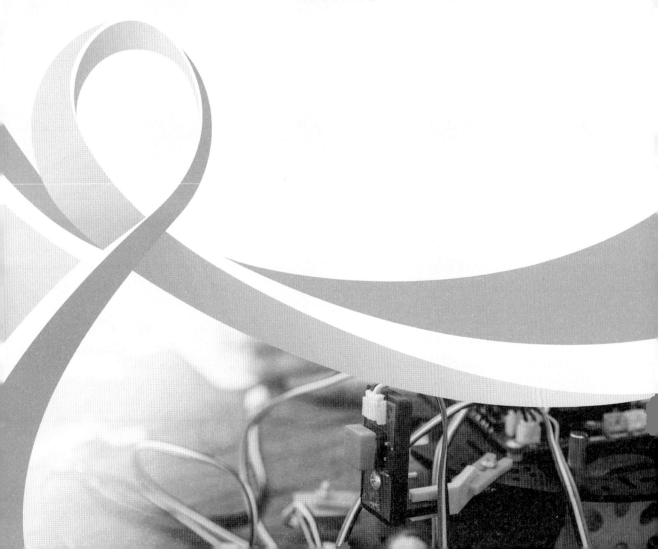

## 10.1 濕度量測概述

空氣是一種混合物，裡面也包含水汽，它的多寡會影響空氣的乾濕程度。濕度(Humidity)是空氣的乾濕程度，表示一定體積空氣內，所含水汽的量，濕度越高表示水汽越多。氣象預報常出現相對濕度一詞，這個數值介於0~100%，該數值通常跟降雨機率成正比，相對濕度越高降雨機率越大，100%表示一定會下雨。

空氣中水汽含量也是影響舒適度的重要因素，廣為熟知的兩個指標是相對濕度與周圍溫度。梅雨季節是典型潮濕季節，濕度高容易讓人有不舒適之感，特別是海島型國家的台灣。潮濕天氣不只讓人不舒服，也容易讓設備發生異常，因此調節潮濕狀態是資訊化時代的重要課題。對資訊設備而言，相對濕度 50%是一個經驗法則參考值。

某一材料的含水量，通常是液體與固體，而濕度是指氣態的水汽含量。

跟濕度相關的定義如下：

1. 水汽含量(Q)：也稱為比濕，表示空氣中水汽質量與總空氣質量的比值。

2. 絕對濕度(AH:Absolute Humidity)：單位體積空氣中的水汽質量，常用單位為 $g/m^3$，換言之絕對濕度是水汽的密度。

3. 相對濕度(RH:Relative Humidity)：大氣中實際水汽壓力與相同溫度下，最大飽和水汽壓力的比值。

4. RH=Pw/Ps×100%。

   RH 數值介於 0~100%之間。

   Pw，Ps 分別表示相同溫度下實際水汽壓力與飽和水汽壓力。

   舉例來說，常壓下溫度為 20 ℃ 時，單位體積最多可以容納 100 個水汽分子，這種狀態稱為飽和。若實際只有 70 個水分子，則相對濕度為 70%，可以再容納 30 個水汽分子才達到飽和。

5. 露點溫度(Dp)：氣壓與水汽含量保持不變下，若溫度逐漸降低，直到空氣中水汽含量達到飽和，凝結為水滴時的溫度稱為露點(Dew Point)。相對濕度為 100%，水汽達到飽和，此時露點與氣溫相同，反之若相對濕度小於 100%，隱含露點溫度會低於現在溫度。相對濕度越小，露點溫度會越低。

## 10.2 濕度量測

第一支濕度計概念是英國科學家 John Leslie 於十九世紀初提出的。

 ### 10.2.1 傳統方式

### （一）伸縮法

　　某一物質內水汽含量會造成體積或長度的變化，採摘後的蔬菜在太陽底下隨時間變化而枯萎，就是常見的例子，曝曬越久水汽蒸發越多，外型會越乾扁。

　　若想得知某一物體的相對濕度，透過量測長度的裝置取得長度變化，便可得知相對濕度的變化。

　　毛髮的張力是環境濕度的函數，最古老的濕度量測法是毛髮張力感測器，就是根據這個原理製成，毛髮可以是人或動物的。

　　例如，資料顯示當相對濕度從 0%變化 100%時，毛髮的總長度會增加大約 2%。使用這種方法的濕度計稱為毛髮濕度計，是這種測量法的典型應用。

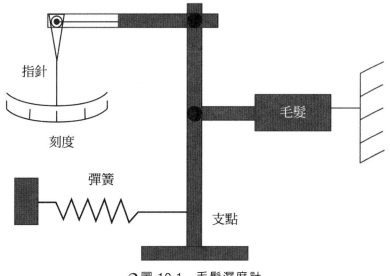

○圖 10.1　毛髮濕度計

## （二）乾濕球法

乾濕球法濕度計是一種廣泛使用的濕度計，利用水蒸發需要吸熱降溫，而蒸發的快慢（即降溫的多少）是和當時空氣的相對濕度有關這一原理所製成的。

基本結構是由兩支規格相同的溫度計組成。其中一支的球部暴露在空氣中，用以測量所在的環境濕度，稱為乾球溫度計。另一支溫度計的球部使用持續保持濕潤的紗布包裹，稱為濕球溫度計。持續保持濕潤紗布內的水分，會持續蒸發並帶走熱量，使得濕球溫度下降。水分蒸發速率跟周圍空氣含水量有關，濕度越低水分蒸發越快，造成濕球溫度越低。乾球與濕球溫度所顯示的溫度值，跟週邊的濕度有關，因此可以據此取得空氣的濕度值。

假設乾濕球的溫度差　$Dt=t_d-t_s$，則

$$RH=100\times(Pw-KDt)/Ps$$

其中：$Dt$=乾濕球溫度計溫差

　　　$t_d$=乾球溫度

　　　$t_s$=濕球溫度

　　　$K$=常數

　　　$Pw$=環境壓力

　　　$Ps$=飽和水氣壓力。

這種濕度量測儀器，通常用於校準濕度傳送器。

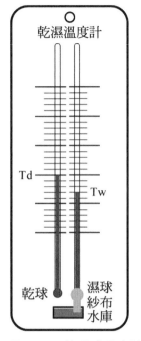

○ 圖 10.2　乾濕球濕度計

 ## 10.2.2　電子式

電子式濕度感測，可以將測得的濕度值，轉換成電信號。這種濕度量測，適合用於現代自動化應用場合。

## （一）冷凝露點法

是一種利用冷凝原理，量測空氣濕度的方法。

由露點的定義可知，當空氣中水汽達到飽和時，露點溫度與環境氣溫相同；當水汽未達到飽和時，露點溫度會低於環境氣溫。藉由露點溫度與氣溫的差值，可以得知空氣的濕度。

**如何得知露點溫度？**

可以使用光學法，其好處是遲滯效應最小化，而且對低濕度的量測可得到相當的精度。其基本構造是使用一個表面溫度可以調控的鏡面，並將溫度控制在開始結露的溫度。

讓測量的空氣通過鏡面，若鏡面溫度低於露點，則會以水滴方式釋放水分。由於水滴會讓光線散射，因此鏡面的反射率會隨水汽凝結而變化，使用適當的光學量測元件，可以得知變化情形。

電流通過不同導體組成的迴路時，除產生熱之外，在不同導體的接頭處，隨著電流方向的不同，會出現吸熱與放熱情形，吸熱端會讓溫度降低，此稱為帕爾帖效應(Peltier Effect)。熱電偶溫度量測，也是利用類似的原理，只是作用相反，藉由量測電流大小，得知冷熱端的溫度差。

圖 10.3 為基本構造。

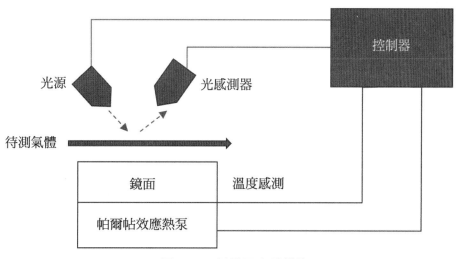

○ 圖 10.3　露點溫度計構造

光源以 45 度角，對鏡面發射光線。光感測器可測量鏡面折射的光線。控制器可調節帕爾帖效應熱泵，以控制鏡面溫度。有一溫度感測元件用以測量鏡面溫度。

待測氣體溫度高於露點時，鏡面是乾燥的。控制帕爾帖效應熱泵以降低鏡面溫度，直到出現水滴，此時溫度已達露點溫度。因鏡面出現水，使得反射率下降，光感測器可以得知這個狀況。此時透過控制熱泵溫度，確保鏡面

沒有額外的液化或汽化發生，換言之讓兩者保持平衡狀態，以讓鏡面溫度穩定在露點溫度。

溫度感測元件取得露點溫度，便可進行相對濕度的計算。

圖 10.4　ACM483T-B 冷鏡濕度計
（奧松電子 aosong.com）

## （二）電阻式濕度計

室溫下呈現白色固體狀的氯化鋰(LiCl)，外觀很類似常見的除濕盒。它為金屬鹵化物，有強烈的吸濕作用。又因它的吸濕量與空氣的相對濕度呈函數關係，相對濕度高，吸收的水分越多，是空調系統中常見的除濕材料。

在電的特性上，氯化鋰吸收水分越多，電阻係數越低，相對使得電阻值變低。藉由量測電阻值的變化，可以得知空氣中水汽的相對變化。利用這個特性，可製成電阻式濕度計。

它的基本組態是在一片絕緣的基板上，覆蓋一層對於濕度敏感的感濕塗層。當塗層所附著的水汽變化，元件的電阻常數發生變化，因此造成電組變化。

電阻式濕度感測內的導體（或電極），在內部並沒有接觸，中間的介值是鍍在導體上的氯化鋰，換言之氯化鋰是感測器內部導體的一環。其組態如圖 10.5 所示。

為增加感測的響應，內部沒互相接觸的導體，以梳子狀安排。作為導體的兩個梳子，梳齒以平行方式相隔一定距離放置，中間的介值為氯化鋰。

電阻式濕度計的優點之一是其簡單且相對低成本的工作原理。然而，它可能會受到溫度變化的影響，因為溫度也可能影響敏感材料的電阻值。因此，一些電阻式濕度計可能需要校正或補償以確保準確的濕度測量。

常搭配 Arduino 的溫濕度感測模組 DHT11，包含電阻式濕度感測單元。

導體

絕緣基板

○圖 10.5　電阻式濕度量測元件構造

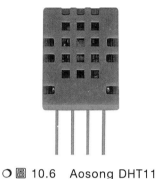

○圖 10.6　Aosong DHT11
電容式濕度模組

## （三）電容式濕度量測

　　電容器是在兩片電極間充填介質而形成，不同的介質材料有不同的介電常數，兩電極間便出現不同的電容量。空氣中的水汽會改變空氣的介電常數，因此可以透過電容量的變化，而得知充滿在電容器內空氣的相對濕度。電容量大小跟相對濕度成正比。

　　實務上，電容極板中間除填充空氣外，也可以充填介電常數隨濕度變化的絕緣體。

○圖 10.7　Aosong DHT20
電容式濕度模組

　　這種濕度測量方法，有一個潛在的缺失。極板間的絕緣體需要時間吸收水分子，因此反應比較慢。解決方法是縮小電容器尺度，增加介電材料的暴露面積，以提高水分子附著的速度。

## （四）紅外線濕度量測

　　量測空氣中水汽含量，以半導體技術生產的電阻式或電容式濕度元件，是方便又省成本的解決方法。

若想知道固體內的水分或水汽量，需要使用不同的技術，包含接觸式與非接觸式兩種。前者可直接量測，但會干涉甚至破壞被測物質，後者則不會對被側物造成干擾，特別是對於連續製程生產線產品例如食品、藥品、紙製品、化學品等的水分含量量測特別有幫助。

非接觸方法中，最常使用者紅外線技術。

物質中的水分子或水汽，對紅外線產生兩種現象：吸收(Absorption)與散射(Scattering)。在濕度測量中，便是利用水分子對紅外線的吸收來測量濕度。

紅外線可以分為近紅外線、中紅外線、遠紅外線三個區域，對應的波長範圍分別為 780nm 至 3000nm、3000nm 至 20um、與 20um 至 1000um。濕度量測使用的通常是近紅外線範圍。

利用水汽對紅外線的吸收特性來測量空氣濕度，稱為吸收法，是紅外線濕度計最常用的測量原理。它利用水汽對紅外線的吸收特性來測量空氣濕度。光學濕度感測器主要的元件是，可以輸出特定波長近紅外線的紅外線發射器，與紅外線接收器。測量元件測量紅外線的吸收度，然後通過轉換公式計算出空氣中的水汽含量。

與電阻法、熱容法等其他方式相比，利用近紅外線的水分測定具有以下優點：

1. 不受測量對象電特性（例如 pH）的影響。
2. 可以進行非破壞性測量。
3. 測量時間短（幾秒）。
4. 測量不影響量測物體。

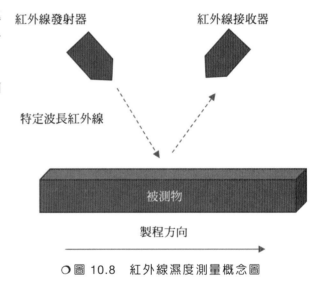

○ 圖 10.8　紅外線濕度測量概念圖

習 題

1. 請說明何謂帕爾帖效應。

2. 請說明何謂露點。

3. 電阻式濕度計為何需要做溫度補償？

4. 請說明紅外線濕度計的優點。

MEMO

CHAPTER

11

# 人體偵測器

## 11.1 概　述

人體感測可以從兩個面向來討論。

人是具有一定體積的物體，任何可以偵測有形物體存在的方法，也可用以偵測人體存在。例如超音波感測器，透過超音波碰到物體反射，以偵測物體的存在。不只用於偵測人體也可偵測其他存在的物體。

人是生物具有體溫，另一個面向偵測生物存在的方法，也適用於偵測人體。例如紅外線偵測器，熱感應偵測器等。

若想更精確區分人與其他動物，則可以使用圖像識別系統，可以精準辨別人體，甚至可以辨別身分。當然這種方法也可以辨別非人物體，已經非常普遍的車牌辨識系統，是典型的應用。

先前章節所介紹的感測元件，可用於人體偵測者如下：

人有形體有重量，而且人的體重有一定的範圍，第四章介紹的壓力感測元件，可以用來偵測人體的存在，而且可以簡略的判斷人與其他生物。

第五章介紹的超音波偵測器，也可以用來偵測人體的存在，而且可以得知與感測元件的距離。

第八章所介紹的遮斷型與反射型光電開關，也是常見的人體偵測方式，常見於商店的自動門開啟感應元件。

前面章節所介紹用於偵測物體存在的元件，也可用於偵測人體，在此不贅述。

目前廣泛應用的影像處理技術，利用攝影機和影像處理軟體，識別和追蹤人體，用於監視、人臉識別、手勢控制等。使用生物特徵如指紋、虹膜、臉部等進行身分識別，用於安全存取控制、解鎖手機等的生物特徵識別，牽涉複雜的影像處理與生物特徵處理，基於本書的屬性，在此不予介紹。有興趣的讀者可以自行參考其他相關的資料。

## 11.2 靜電式

構成物質的原子，是由帶正電的原子核和帶負電的電子組成。正常狀況會帶有相同數量的正負電，也就是「電中性的狀態」。

若出現外力，會讓電子在物體間轉移，失去電子的物體帶正電，得到電子者帶負電，例如摩擦用毛皮摩擦琥珀會使琥珀帶正電。物體帶電後若沒構成迴路，電荷會保持在物體上，因此稱為靜電。

人身上帶有靜電，氣候乾燥的冬天特別有感覺，一不小會有觸電的感覺。人身上靜電通常是由於摩擦、接觸、分離或過程中電子的轉移而引起的。例如，在地毯上走動時，鞋底和地毯之間的摩擦可能造成靜電產生；穿合成纖維的衣物或毛衣時，穿脫這些衣物過程，摩擦和接觸會導致靜電的產生等。

早期台灣有一種電風扇安全網裝置，人只要靠近電風扇網，電風扇會自動暫停，防止手被旋轉中的扇葉打到，就是利用人身上的靜電，讓電扇更安全。

另外常見的應用場合是智慧型自動掀蓋式垃圾桶，只要人體的接近於桶蓋前一距離，蓋子會自動開啟。

場效應電晶體(FET:Field-Effect Transistor)是一半導體元件，可作為類比元件的放大器，或數位元件。

通過改變閘極電壓，可以控制源極(Source)和漏極(Drain)之間的電流流動。當今主流半導體元件金屬氧化物半導體場效應電晶體(MOSFET:Metal-Oxide-Semiconductor Field-Effect Transistor)也是一種 FET。

FET 基本操作方式，透過調整閘極(Gate)電壓，控制源極(Source)和洩極(Drain)之間的電流流動。

靜電也可以改變閘極的行為，進而影響源極與洩極，這是偵測靜電存在的基本電路。

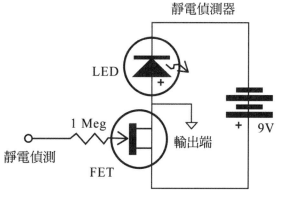

○圖 11.1　FET 靜電偵測電路

## 11.3 紅外線移動偵測器

物體溫度不同，會發出不同顏色的光，例如鐵從常溫的灰色，高溫時變成紅色，稱為色溫。色溫是光源發出的光的顏色，用凱氏(K)表示，色溫越高，光線越偏藍；色溫越低，光線越偏紅。常見的光源色溫如下：

1. **火柴光**：1700K

2. **蠟燭**：1850K

3. **鎢燈**：2700K

4. **鹵素燈**：3000K

5. **日光燈**：4000K

6. **太陽光**：5000K

色溫對人類的視覺和生理都有影響。色溫較高時，光線會使人感到清醒、有精神；色溫較低時，光線會使人感到放鬆、溫暖。

也可以用波長描述光的顏色，可見光的波長範圍約為 430nm~770nm，對應顏色由紫、藍、青、綠、黃、橙、紅。可見光的範圍之外，更短或更長的波長，都歸在不可見光的範圍。比 430nm 低的稱為紫外線，比 770nm 高的稱為紅外線，該波段區間又能細分成「近、短、中、長和遠」的各種紅外波。

人體的體溫通常約為 36.5°C~37.5°C 之間，這對應著大約 309K 到 310.5K。人體通常以紅外線方式釋放熱能，其波長範圍集中在長波紅外線 (LWIR:Long-Wave Infrared)區域，範圍約為 8 微米(8000nm)到 15 微米 (15000nm)。偵測這個波長紅外線存在的感測器稱為紅外線偵測器。

焦電(Pyroelectricity)是一種物理現象，某些特定的結晶或材料在溫度變化時會產生電荷或電位差改變。這種效應通常與結晶結構中的不對稱性有關，當溫度改變時，結晶中的電荷分佈也會發生變化，進而產生電荷。利用這種原理製成的感測器稱為焦電式感測器(Pyro-electric Infrared Sensor)。此感測器接受特定波長範圍的紅外線時，會產生電位差的訊號。紅外線偵測器便是使用這種原理。

這種利用紅外線輻射來偵測人體存在、位置和運動的設備，通常被稱為紅外線移動感測器(IR Motion Sensor)或被動式紅外線感測器(PIR Sensor:Passive Infrared Sensor)。

PIR 偵測器通常由兩個或多個紅外線感測元件組成，這些元件位於特殊的材料上。每個感測元件都覆蓋著一個特殊的鏡片，鏡片的設計使其能夠感應特定範圍的紅外線輻射。

當人進入 PIR 感測器的感測範圍內，感測器的感測元件將檢測到的紅外線輻射變化轉化為電壓信號。

當感測器檢測到紅外線輻射變化超過預定的閾值時，它將觸發一個輸出信號，通常用於觸發警報、開啟照明或其他自動化控制。

○圖 11.2　PIR 移動感測器

## 11.4 超音波人體偵測器

超音波人體偵測器，是一種利用超音波來探測人體的裝置。它由發射器和接收器兩部分組成。發射器發射超音波，接收器接收超音波的反射波。使用超音波發射器發射高頻聲波，通常在 20~65 千赫茲的頻率範圍間。

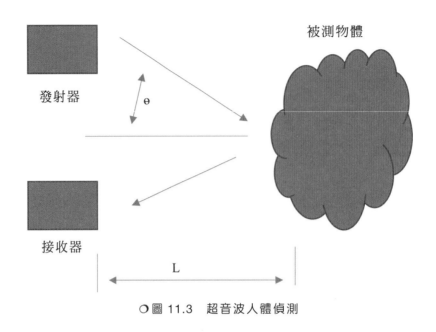

○圖 11.3　超音波人體偵測

　　根據超音波從發射器到接收器所花費的時間，可以計算出人體與偵測器之間的距離。

　　聲音在介質中傳播的速率稱為音速，此速度受介質、溫度、風向和濕度的影響。不同介質速度也不同，一般而言固體 ＞ 液體 ＞ 氣體 ＞ 真空，真空中無法傳遞聲音。　濕度也會影響速度，濕度越大音速快。溫度也會影響聲音傳遞速度，溫度越高音速越快。

　　　　音速的公式為 V=( 331+0.6 t)　公尺/秒，t　是溫度(°C)

距離為：

　　　　L=(V*t*cosΘ)/2

超音波人體偵測器具有以下優點：

成本低廉：超音波人體偵測器的成本相對較低，因此易於普及。

安裝方便：超音波人體偵測器的安裝比較簡單，可以快速部署。

無需視線：超音波人體偵測器無需視線，可以穿透障礙物，因此具有較好的靈敏度。

可以知道確實的距離。

## 11.5 電容式

　　兩個極板間填充介質構成電容，若兩個極板間的間距夠大，可以塞入人體，自然會影響極板間的電容量，這是電容式人體偵測的基本原理。

　　當人接近已經建立電容的極板附近，會造成電容發生變化。

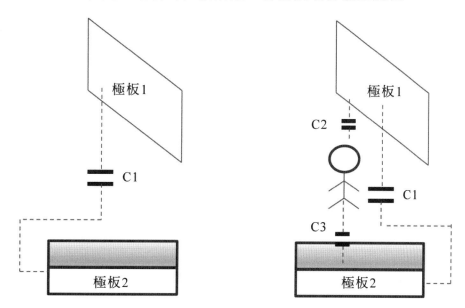

○圖 11.4　電容式人體偵測

　　兩個極板間，所產生的電容量為 C1

　　人體接近後，在兩個極板間各產生一個電容，分別為 C2，C3

　　合成的電容量為 $C1 + \dfrac{C2*C3}{C2+C3}$

　　汽車座椅的座墊或靠背下方通常安裝了一對極板，這些極板間形成一個電容。這兩個極板之間的距離是固定的，但當有人坐在座椅上時，人體的存在會導致導體板之間的距離縮小，改變了電容值。電路可以檢測到這種變化並識別出有人坐在座椅上。

習 題

1. 請簡要說明焦電式感測器。

2. 請簡要說明電容式人體偵測。

3. 如何用場效應電晶體偵測人體存在？

# CHAPTER 12

# 感測器實驗

早期感測器主要的應用場域，為工業控制與自動化場合。然而近二十年來，由於網際網路普及，微電子技術進步，以及資訊科技的突飛猛進，讓感測器不再侷限於工業控制領域，也深入到與民生相關的各領域。

2005 年基於開源理念的 Arduino 問世，3D 列印技術普及化，自造成為一股潮流，使得即便是小學生，也有能力設計與實踐透過程式控制周邊環境。

基於這個理念，本書在感測器實驗章節加入 Arduino 單元。讓學生不僅在課堂上透過實驗內容更深入了解感測器，更可以在家自我練習與精進。

## 12.1 Arduino 概述

Arduino 的起源可以追溯到 2005 年，義大利的一個互動設計研究計畫。在義大利 Ivrea Interaction Design Institute 服務的 Banzi 等人，合作開發了一個簡單易用的開發板，旨在幫助非專業人士進行原型開發。

同年他們推出首款 Arduino 開發板"Arduino Diecimila"，採用了 Atmel 的 ATmega168 微控制器。以 USB 作為程式上傳介面，與其他通訊用途。兩年後推出以 ATmega328 為核心的"Arduino Duemilanove"。

2010 年推出 Arduino Mega 2560 開發板，此版本有更多的 I/O 接腳和更大的存儲容量。也推出受歡迎的 UNO 版本。

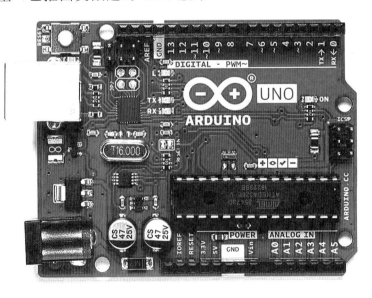

第一款基於 ARM 架構的開發板 Arduino Due，於 2012 年推出。

具有較小的尺寸、內建無線通訊模組（例如 Wi-Fi、藍牙）等，適用於物聯網應用的 Arduino MKR，於 2018 年問世。

2020 年推出的 Arduino Nano 33 BLE Sense，是一款內建數種感測器的板子，非常容易建構環境感知與高互動性的應用。

Arduino 可以如此普及的原因，除了容易上手外，更因為有眾多第三方開發各式各樣的感測器擴充模組，可以輕易地實現各式自動化的任務。

## 12.2 開源系統

開源系統(Open Source)是指任何人都可以查看、修改和分享開源的軟體或硬體內容。開源系統的主要優勢在於促進了知識共享、協作和創新。它使得更多的人能夠參與到技術和創意的發展中來，同時也讓產品更具透明度，可以受到廣泛的審查和改進。

在 Arduino 的情況中，「開源系統」指的是 Arduino 開發平台的硬體和軟體都是以開放的方式提供給社群和開發者。這包括了以下幾個方面：

1. **開源硬體**：Arduino 開發板的設計圖和原理圖都是公開的，任何人都可以查看和理解它們的內部結構、連接方式和元件配置。也可以自行製造 Arduino 開發板，或者對現有的設計進行客製化修改以適合特定需求。

2. **開源軟體**：Arduino IDE 以及相關的程式庫和工具是開源的，可供自由下載、使用和修改這些軟體。開發者可以根據自己的需求客製化，並共享他們修改的內容。

Arduino 的開源性質使得人們能夠更容易地進行原型設計、學習電子技術，以及建立創意的電子裝置。

## 12.3 Arduino 開發步驟

### （一）選擇硬體板

Arduino 平台提供多種不同的硬體板，每種板子具有不同的功能和特點。本實驗使用的版本為 Arduino Uno，而其他版本則擴展了更多功能，如連接到互聯網、具有藍牙功能等。本章所介紹的實驗內容，可以在各種版本的硬體執行。

### （二）環境設置

下載並安裝 Arduino 開發環境(Arduino IDE)。這是一個用於撰寫、編譯和上傳程式碼到 Arduino 板子上的整合式開發環境。目前最新的版本為 2.2.1 版。可於下列網址中下載：

https：//www.arduino.cc/en/software

初次下載安裝後，若為英文畫面，可以透過下列方式變更為中文：

File → Preferences → Language English 中文（繁體）

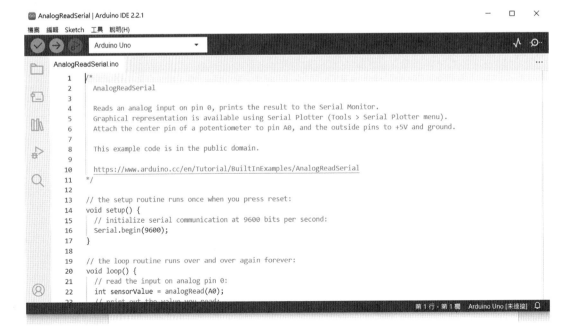

## （三）撰寫程式碼

Arduino 使用的語法基本上跟 C 語言非常類似，即便沒學過 C 語言，若曾接觸過任何程式語言，皆可以很快熟悉其基本語法。程式碼可以控制各種感測器、馬達、LED 燈等裝置。

## （四）編譯

在 Arduino IDE 中，將編寫的程式碼編譯成機器碼，以便後續上傳到 Arduino 板子上執行。

## （五）連接板子

使用 USB 線將 Arduino 板子連接到電腦。確保選擇正確的板子類型和連接埠。

## （六）上傳程式碼

在 Arduino IDE 中，點擊「上傳」按鈕，將編譯後的程式碼上傳到 Arduino 板子。上傳完成後，板子可以獨立執行上傳的程式。

本章後續實驗內容，硬體平台係參考睿康創意公司，所提供的 Arduino 進階學習套件。若有需要額外套件或服務者，可洽該公司。
https://www.ruten.com.tw/item/show?21614377292835

 **12.4** 實 驗

 **實驗01** 光敏電阻控制 LED 亮度

## 【實驗目的】

了解光敏電阻對環境光強弱電阻輸出情形與讀取光敏電阻分壓信號輸入。

## 【實驗設備與零件】

| | |
|---|---|
| Arduino NANO 或 Arduino UNO | 一塊 |
| USB 線 | 一條 |
| 麵包板 | 一塊 |
| 麵包線 | 數條 |
| 220Ω 電阻 | 一個 |
| 10KΩ 電阻 | 一個 |
| LED 發光二極體 | 一個 |
| 光敏電阻 | 一個 |

## 【實驗原理】

我們使用光敏電阻來控制 LED 的閃滅，首先我們先介紹一下光敏電阻，光敏電阻又稱光導管，是一個在特定波長的光線照射下，會降低其電阻值的電子元件，簡單說，光敏電阻會對於環境光的強弱，而改變其內部的電阻值，當然光敏電阻也因為不同的電阻值，而有不同的規格，我們教材中也提供有三種不同阻值的光敏電阻，提供您不同的需要，光敏電阻的形狀如右圖所示。

## 【實驗步驟】

1. 按接線圖接線，如下圖所示：

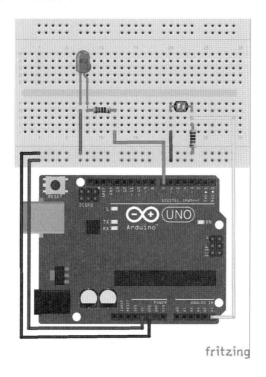

2. 程式碼：

```
int LedPin = 7;        //LED PIN 腳
int cdsPIN = A5;       //CDS PIN 腳
int val = 0;       //cds 讀取值

void setup()
{
    pinMode(LedPin, OUTPUT);
}

void loop()
{
  val = analogRead(cdsPIN);       //讀取 cds 值
    if(val<=350)
  {
```

```
        digitalWrite(LedPin, HIGH);
    }
    else
    {
        digitalWrite(LedPin, LOW);
    }
}
```

## 【實驗心得】

## 實驗02 可變電阻控制 LED 燈亮度

### 【實驗目的】

了解線性與精密旋轉電位計之特性與分壓的讀取。

### 【實驗設備與零件】

| Arduino NANO 或 Arduino UNO | 一塊 |
|---|---|
| USB 線 | 一條 |
| 麵包板 | 一塊 |
| 麵包線 | 數條 |
| 220Ω 電阻 | 一個 |
| LED 發光二極體 | 一個 |
| 可變電阻 | 一個 |

### 【實驗原理】

顧名思義，可變電阻或稱電位器，就是一個可以調整阻值的電阻， 根據其阻質的大小，我們可以做很多的事情，例如常見的音響聲音調整，可調亮度的抬燈，或是搖控飛機的發射器等等，電位器種類也很多，原理都差不多，我們列舉二種， 如下圖所示，左邊是一般的線性電位器，右邊是微型的精密電位器。

電位器一般都是三支腳，二邊的腳接上 5V 及地線，中間的腳位則接類比輸入．這樣會根據旋轉的位置（電阻大小），產生一個電壓輸出到類比的輸入腳，這個值會介於 0~1023 之間（10 位元類比轉數位 $2^{10}$=1024）。

analogWrite 是一個類比輸出的函數，但是因為 Arduino 只接受 0~255 之間的值，而 analogRead 函數收到的值域範圍是 0~1023，所以我們把 val 值/4 即可。

## 【實驗步驟】

1. 按接線圖接線，如下圖所示：

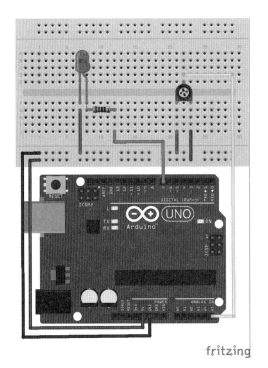

2. 程式碼：

```
int LedPin = 7;        //LED PIN 腳
int anaPIN = A5;       //電位器中間的  PIN 腳
int val = 0;           //電位器讀取值

void setup()
{
```

```
    pinMode(LedPin, OUTPUT);
  }
  void loop()
  {
    val = analogRead( anaPIN );        //讀取值
    analogWrite( LedPin , val/4 );
      }
```

## 【實驗心得】

## 實驗03　電子溫度計

### 【實驗目的】

了解 LM35 溫度感測器特性與溫度的讀取。

### 【實驗設備與零件】

| Arduino NANO 或 Arduino UNO | 一塊 |
| --- | --- |
| USB 線 | 一條 |
| 麵包板 | 一塊 |
| 麵包線 | 數條 |
| LM35 溫度感測器 | 一個 |

### 【實驗原理】

LM35 溫度感測器原理很簡單，LM35 溫度高時，OPTPUT 腳輸出電壓會升高；溫度低時，OPTPUT 腳輸出電壓會降低，而且電壓和溫度是呈線性的改變，所以可以利用這樣的特性來偵測溫度，LM35 的外觀如右圖。

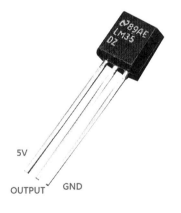

使用 LM35 來測量環境溫度，因為環境溫度每升高攝式一度時，LM35 的輸出電壓就會增加 10mv，我們可以根據這樣的特性，將偵測到的電壓換算成溫度，若將 LM35 輸出接腳接到開發板上的 A0，由於使用 analogRead 讀取的數值為 0 - 1023，因此測量數值 val 與攝氏溫度 TemptureVal 的換算方法為

$$V_{OUT} = 10 \text{ mv/°C} \times T$$

$$\text{TemptureVal} = \frac{V_{out}}{10\left(\dfrac{mv}{^\circ C}\right)} = \frac{V_{out}}{0.01\left(\dfrac{v}{^\circ C}\right)}$$

因為 $V_{OUT}$ 的變化值 0~5V 對應 0~1023，類比數值為 val

$$\text{TemptureVal} = \left(\frac{val}{1024}*5\right)/0.01 = val*0.48828125$$

## 【實驗步驟】

1. 按接線圖接線，如下圖所示：

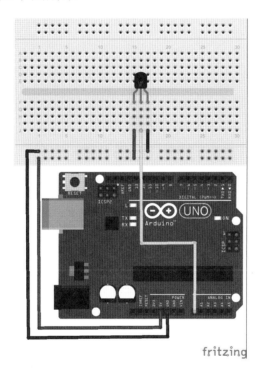

2. 程式碼：

```
// 溫度偵測
int LM35Pin = A0;       //設定 LM35 的 PIN 腳
int DelayTime = 500;    //偵測間隔時間

void setup()
{
```

```
        Serial.begin(9600);              //設定串列埠速率
    }

    void loop()
    {
        //宣告一個浮點數,讀出一個類比值(電壓), 並經過換算轉成相對的溫
        度值
        float TemptureVal = analogRead(LM35Pin) * 0.48828125;
        Serial.println(TemptureVal);
        delay(DelayTime);
    }
```

## 【實驗心得】

## 實驗04　火燄偵測器

### 【實驗目的】

　　了解火燄偵測器（紅外線接收二極體）之特性與分壓的讀取與火焰大小關係。

### 【實驗設備與零件】

| Arduino NANO 或 Arduino UNO | 一塊 |
|---|---|
| USB 線 | 一條 |
| 麵包板 | 一塊 |
| 麵包線 | 數條 |
| 10KΩ 電阻 | 一個 |
| LED 發光二極體 | 一個 |
| Arduino NANO 或 Arduino UNO | 一塊 |

### 【實驗原理】

　　火燄偵測器是一個對於紅外線非常敏感的電子元件，針對這樣的特性，我們可以用它來做一個火燄偵測的實驗，火燄偵測器如右圖，和發光二極體外形很像，利用火焰產生紅外線的輻射，讓火燄偵測器接收，紅外線接收二極體，它是黑色的，長的腳位是正極，短的是負極，把火燄偵測器正極接+5v 在串接一個 10KΩ 電阻接地，在電阻與火燄偵測器中間產生類比電壓會與外部火焰紅外線大小成一個比例關係，接至 A0 類比輸入端讀取類比電壓值。

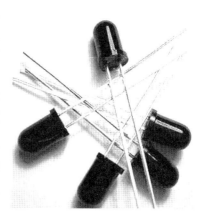

## 【實驗步驟】

1. 按接線圖接線，如下圖所示：

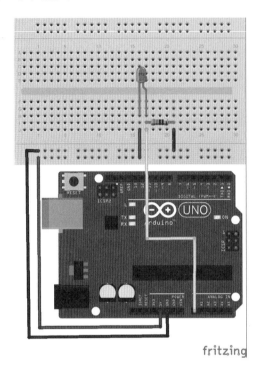

2. 程式碼：

```
//火燄偵測器
int DetectPin=A0;        //定義類比輸入腳位
int DelayTime=500;       //偵測間隔時間

void setup()
{
    Serial.begin(9600);
}

void loop()
{
    int DetectVal = analogRead( DetectPin );//偵測輸入的類比值
    Serial.println(DetectVal);
    delay(DelayTime);
}
```

【實驗心得】

## 實驗05 紅外線發射及接收實驗

### 【實驗目的】

了解紅利用外線搖控器與紅外線接收器接收之特性。

### 【實驗設備與零件】

| Arduino NANO 或 Arduino UNO | 一塊 |
|---|---|
| USB 線 | 一條 |
| 麵包板 | 一塊 |
| 麵包線 | 數條 |
| 紅外線搖控器 | 一個 |
| 紅外線接收器 | 一個 |
| Arduino NANO 或 Arduino UNO | 一塊 |

### 【實驗原理】

這次的實驗，我們要練習用紅外線搖控器來和 Arduino 進行溝通，請大家先準備好二樣東西，如下：紅外線搖控器（左圖），紅外線接收器（右圖）。

紅外線接收器我們使用的是 TL1838 HX/VS1838B，規格如下：

工作電壓：2.7 v ~ 5.5 v

工作電流：1.4 mA

工作頻率：38 KHz

可接收角度：45 度

再來，請大家先打開 Arduino IDE，我們要先安裝程式庫.

選擇 [草稿碼] → [匯入程式庫] → [管理程式庫]

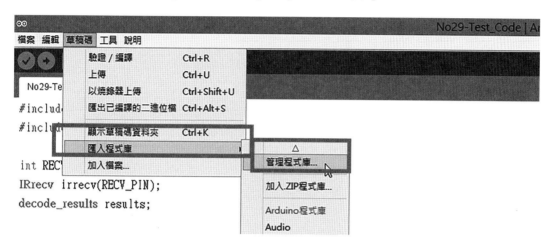

找到 IR_Remote，然後選擇安裝。

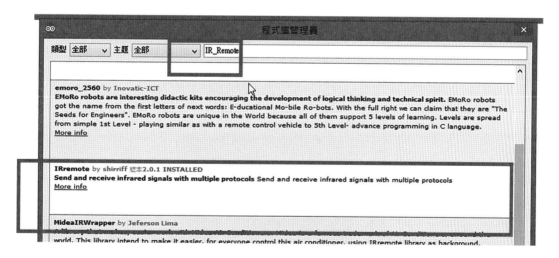

回到 IDE 畫面，會看到多了一個 IR_Remote 的選項，選擇加入程式庫到程式碼中。

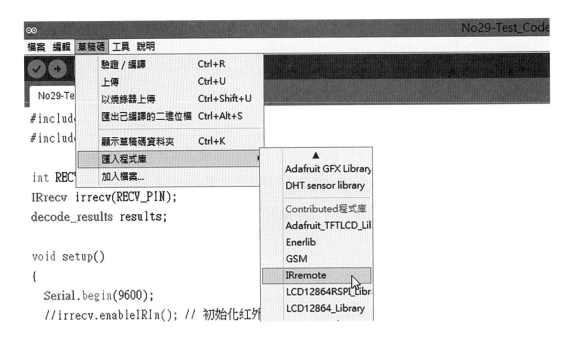

## 【實驗步驟】

1. 按接線圖接線，如下圖所示：

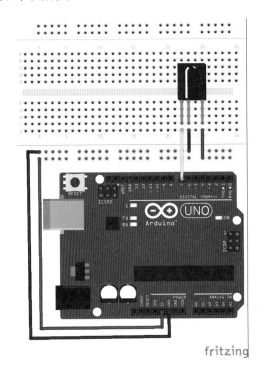

2. 程式碼：

```
#include <IRremote.h>
#include <IRremoteInt.h>

int RECV_PIN = 7;                    //紅外線接收器的訊號腳
IRrecv irrecv(RECV_PIN);             //宣告物件
decode_results ReceiveYN;

void setup()
{
    Serial.begin(9600);
    irrecv.enableIRIn();        //初始化
}

void loop()
{
    //如果有接收到資料
    if (irrecv.decode(&ReceiveYN))
    {
        Serial.println(ReceiveYN.value, HEX);    //輸出接收到的資料
        Serial.println();
        irrecv.resume();                         //等待接收下個指令
    }
}
```

**說明**

程式其實很簡單沒幾行，主要就是將接收到的資料顯示在串列埠監視視窗裡，若是按下按鍵後，看到串列埠監視顯示一堆的十六進制數字，代表就是成功了，若是沒有任何反應，請檢查電路是否接正確或是搖控器電池是否沒電，至於顯示的十六進制數字內容，因為紅外線通信協議有很多種，這部分就不多做說明，有興趣的人可以自己上網查資料。

【實驗心得】

## 實驗06　震動開關實驗

### 【實驗目的】

了解震動開關之特性與數位輸入信號讀取。

### 【實驗設備與零件】

| Arduino NANO 或 Arduino UNO | 一塊 |
|---|---|
| USB 線 | 一條 |
| 麵包板 | 一塊 |
| 麵包線 | 數條 |
| LED 發光二極體 | 一個 |
| 震動開關 | 一個 |
| 220Ω 電阻 | 一個 |

### 【實驗原理】

下圖左是震動感測器 SW18020P 外觀，下圖右內部就是一個類似彈簧的機構，當發生左右震動時，會觸發開關，如下圖所示。震動感測器粗的腳位是接正極，細的腳位則是接負極。這個實驗中，為了方便觀察，我們加上一個 LED 燈，當發生震動時，讓 LED 點亮一下。

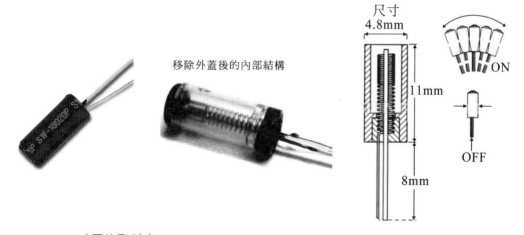

移除外蓋後的內部結構

（圖片取材自：https://www.sunrom.com/p/vibration-sensor）

## 【實驗步驟】

1. 按接線圖接線，如下圖所示：

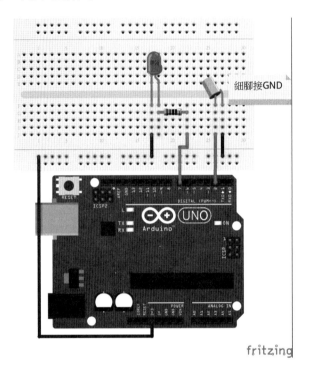

細腳接GND

2. 程式碼：

```
//震動感測器
const int sensorPin = 2;
const int ledPin = 7;

int tiltSensorPreviousValue = 0;
int tiltSensorCurrentValue = 0;
long lastTimeMoved = 0;
int shakeTime = 30;

void setup()
{
    //設定為輸入
    pinMode(sensorPin, INPUT);
    //上拉電阻
```

```
        digitalWrite(sensorPin, HIGH);
    //設定為輸出
        pinMode(ledPin, OUTPUT);
}


void loop()
{
    //讀取目前狀態
        tiltSensorCurrentValue = digitalRead(sensorPin);
    //如果狀態改變
        if (tiltSensorPreviousValue != tiltSensorCurrentValue)
        {
        //記錄時間
            lastTimeMoved = millis();
        //更新狀態
            tiltSensorPreviousValue = tiltSensorCurrentValue;
        }

    //如果在設定的時間內狀態有改變
        if (millis() - lastTimeMoved < shakeTime)
        {
            digitalWrite(ledPin, HIGH);
        }
        else
    {
            digitalWrite(ledPin, LOW);
        }
}
```

【實驗心得】

## 實驗07 水深／水位感測實驗

### 【實驗目的】

了解水深／水位感測之特性與量測類比信號輸入。

### 【實驗設備與零件】

| Arduino NANO 或 Arduino UNO | 一塊 |
|---|---|
| USB 線 | 一條 |
| 麵包線 | 數條 |
| 水深／水位感測器 | 一個 |

### 【實驗原理】

下面實驗說明的是水深／水位的感測器，如下圖所示：

水深／水位的感測器有三支腳位，VCC( + )、GND( - )、訊號輸出（S），感測器模塊是類比的輸出訊號，所以我們的類比輸出腳要接在 A0~A5 的其中一支腳位上，我們這次實驗是插在 A0 這支腳。

## 【實驗步驟】

1. 按接線圖接線,如下圖所示:

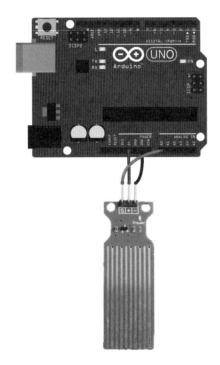

2. 程式碼:

```
int WaterPin = 0;          //模塊訊號輸出腳位
int SensorValue = 0; //感測器讀出值
int AlertValue = 300;      //警示值設定
void setup()
{
    Serial.begin(9600);
    delay(1000);
}
void loop()
{
    SensorValue = analogRead(WaterPin);          //讀出類比量值
    Serial.println(SensorValue);                     //輸出到串列埠

    if(SensorValue < AlertValue)                     //水位過低時的判斷程式
```

```
  {
    Serial.println("Low water level");            //水位過低時的處理程序
  }
  delay(1000);
}
```

**說明**

　　我們也可以把輸出的量值，直接以繪圖工具做成曲線圖，以方便觀測整個輸出變化。

　　底下這個圖形是用 IDE 裡內建的繪圖工具所產生的圖形，讀者可以在程式編譯上傳完成後，開啟工具列選擇序列繪圖家，IDE 就會自動幫你繪圖。

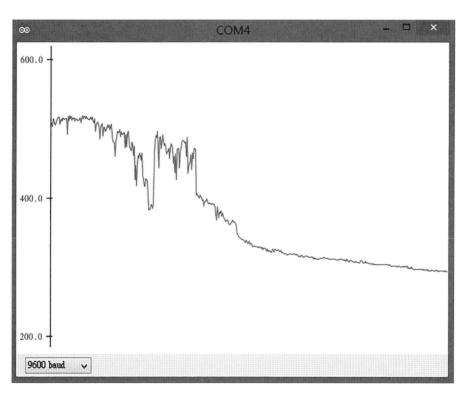

【 實驗心得 】

## 實驗08　土壤濕度計檢測實驗

### 【實驗目的】

了解土壤濕度計感測之特性與量測類比輸入及數位信號輸入。

### 【實驗設備與零件】

| Arduino NANO 或 Arduino UNO | 一塊 |
| --- | --- |
| USB 線 | 一條 |
| 麵包線 | 數條 |
| 土壤濕度傳感模塊 | 一個 |

### 【實驗原理】

本實驗要進行的是土壤濕度檢測實驗，這個名稱簡單易懂，就是檢測土壤中的含水量。假如自己家裡有盆栽，或是室內花園、果園，甚至家裡有旱田，不妨可以自己做一個土壤濕度的檢測計，搭配繼電器輸出，就可以做一個自動澆花或是灌溉的小系統。

土壤濕度檢測模塊的原理很簡單，其實就是在測量物體的導電值，模塊的外觀如下圖所示：

上圖中的模塊，總共有六支腳位，上方的二支腳接檢測板，沒有極性的分別，插上即可，下方的四支腳位，由上至下分別是 VCC（正極）、GND（負極）、D（數位腳位）、A（類比腳位）。

數位腳位傳回的訊號是 0 及 1，就是有水及無水的區別，但是這個判斷的標準，我們可以透過精密可變電阻（模塊上的藍色方塊）來做設定。

類比腳位傳回的訊號則是一個量值，我們可以根據此量值來換算得知目前土壤中的含水量。

## 【實驗步驟】

1. 按接線圖接線，如下圖所示：

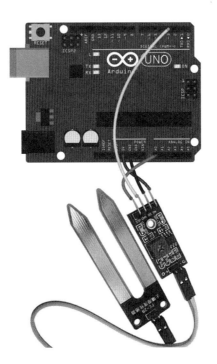

2. 程式碼：

```
int APIN = A0;        //類比訊號腳位
int DPIN = 3;         //數位訊號腳位

void setup()
{
    Serial.begin(9600);
    pinMode(APIN , INPUT);
    pinMode(DPIN , INPUT);
```

```
}

void loop()
{
    int AVal = analogRead(APIN);        //讀取類比串列埠的資料
    int DVal = digitalRead(DPIN);       //讀取數位串列埠的資料

    Serial.println(AVal);
    //Serial.println(DVal);
    delay(50);
}
```

下圖是根據數位訊號所產生的圖形：

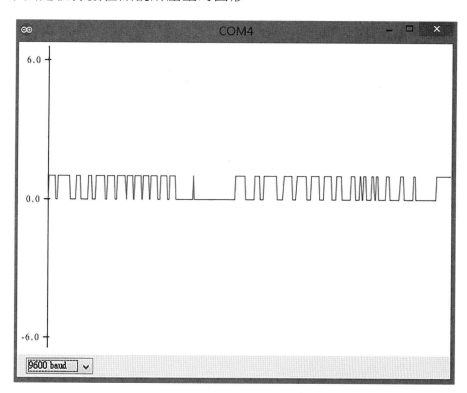

下圖是根據類比訊號所產生的圖形：

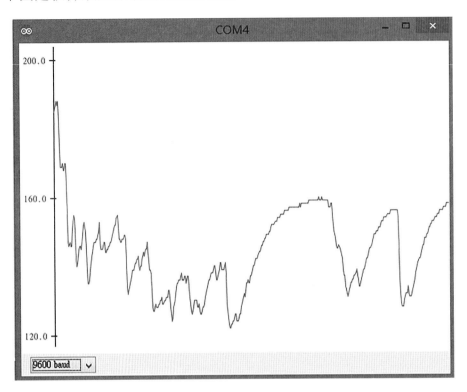

【實驗心得】

## 實驗09  觸摸感測器實驗

### 【實驗目的】

了解觸摸感測器之特性與量測數位信號輸入。

### 【實驗設備與零件】

| Arduino NANO 或 Arduino UNO | 一塊 |
|---|---|
| USB 線 | 一條 |
| 麵包線 | 數條 |
| 觸摸感測器模塊 | 一個 |

### 【實驗原理】

觸控模組是個很簡單學習的模組，該模組是一個使用觸摸檢測 IC(TTP223B)的電容式點動型觸摸開關模組，當手指未觸碰十數位輸出為低電位，手指觸碰時數位輸出為高電位，如下圖為觸控感測器及電容觸控 IC 電路圖：

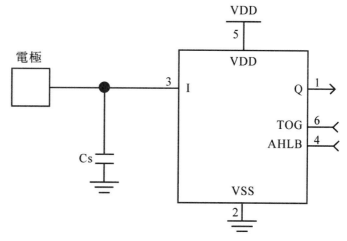

| TOG | AHLB | Pad Q option features |
|-----|------|------------------------|
| 0 | 0 | Direct mode, CMOS active high output |
| 0 | 1 | Direct mode, CMOS active low output |
| 1 | 0 | Toggle mode, Power on state=0 |
| 1 | 1 | Toggle mode, Power on state=1 |

目前此觸控感測器使用 Direct mode，CMOS active high output，感測器的外觀一般都是三支腳位，本實驗所使用的觸摸感測器模塊也是一樣，再觀察模塊上面的腳位標示，由左至右，分別是 SIG 訊號腳、VCC 腳（正極）及 GND 腳（負極），而觸摸感測器模塊是數位模塊，所以訊號腳是接主板的數位接腳。

## 【實驗步驟】

1. 按接線圖接線，如下圖所示：

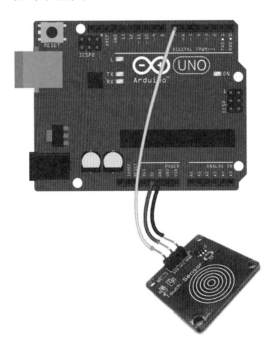

2. 程式碼：

```
int TPIN = 7;          //訊號腳

void setup()
{
   Serial.begin(9600);
   pinMode(TPIN , INPUT);
}

void loop()
{
   int Val = digitalRead(TPIN);          //讀取腳位的資料
   Serial.println(Val);                      //將資料輸出到串列埠
   delay(100);
}
```

**說明**

　　我們一樣把輸出的值，直接以繪圖工具做成曲線圖，以方便觀測整個輸出變化。底下這個圖形是我用 IDE 裡內建的繪圖工具所產生的圖形，你可以在程式編譯上傳完成後，開啟工具列選擇序列繪圖家，IDE 就會自動幫你繪圖。

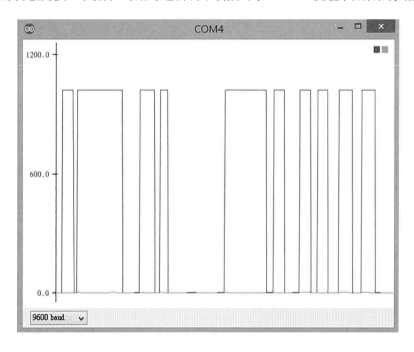

【實驗心得】

## 實驗10　霍爾磁力開關實驗

## 【實驗目的】

了解霍爾傳感磁力開關之特性與量測數位信號輸入。

## 【實驗設備與零件】

| Arduino NANO 或 Arduino UNO | 一塊 |
|---|---|
| USB 線 | 一條 |
| 麵包線 | 數條 |
| 霍爾傳感磁力開關模塊 | 一個 |

## 【實驗原理】

一個感覺簡單的傳感（感測）模塊，但是卻又陌生的名字…霍爾感測器，霍爾元件是專門針對磁力感應的電子零件，磁力感測模塊基本上分為二大類型，一種是開關型，另一種是線性感測，市場上也有一種是雙模式兼具的模塊。

開關型的霍爾感測器，對於磁力的感測，就是直接傳回 0 和 1 的資料，亦即偵測到磁力傳回 1，否則傳回 0，而線性感測的霍爾感測器，則會對於感測到的磁力強弱，傳回一個類比量值，這二種感測器都各有其用途，而雙模式則是開關及線性二種功能兼具，所以雙模式模塊會有四支腳位，我們的實驗課程中所提供的是雙模式模塊，可以應用在各種磁力感測的用途上，像是磁感應的防盜器，或是節能風扇的轉速控制等，開關型的霍爾磁力感測器的外觀，或是需要偵測磁力強弱的用途上皆可。

如下左圖，感測器的腳位從下圖的擺放位置由上至下，分別是 GND（負極）、訊號輸出腳及 VCC（正極），下圖右則是雙模式模塊，除了 GND（負極）、訊號輸出腳及 VCC（正極），還有 AO（類比輸出腳位）及 DO（數位輸出腳位）。

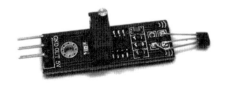

**注意**

　　左邊開關型的模塊上面有一個藍色的精密可變電阻，若是覺得不夠靈敏，　可以試試用小的一字起子微調一下。

## 【實驗步驟】

1. 按接線圖接線，如下圖所示：

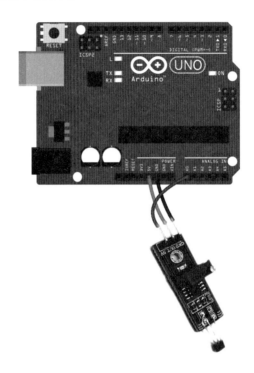

2. 程式碼：

```
int DPIN = 3;        //定義訊號腳位

void setup()
{
  Serial.begin(9600);
  pinMode(DPIN , INPUT);
}

void loop()
{
```

```
    int DVal = digitalRead(DPIN);          //讀取串列埠的資料
    Serial.println(DVal);
    delay(50);
    }
```

**說明**

我們同樣把輸出的量值，直接以繪圖工具做成曲線圖，以方便觀測整個輸出變化。

大家可以拿個磁鐵在霍爾元件的附近晃動看看，就會產生像下圖一樣的變化。

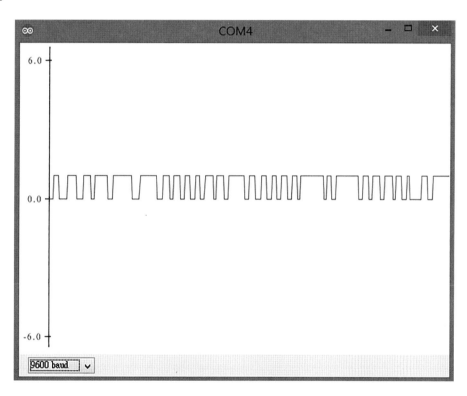

## 【實驗心得】

MEMO

CHAPTER

# 13

# 應用範例探討

##  13.1 物聯網感測器介紹與應用

###  13.1.1 物聯網的定義與由來

我們常聽到一個名詞 IoT 就是物聯網,物聯網的英文簡稱 IoT(Internet of Things),把所有的物件利用具有網路連線的能力,把物件連接起來,物件之間可以交換資料,就物件而言,是一個實體的裝置,應結合感測器、控制軟體與能與其他裝置連接的技術,網路連線可以透過 Wi-Fi 或 5G 系統使其與所有物件能相互溝通,透過這樣的能力使萬物都能互相通信,進而讓人類生活更便利,工業更進步。

人類第一部物聯網裝置設備為一部自動販賣機,該販賣機具有感測器能感應販賣商品數量,並透過網路連線方式傳送資料到公司,這樣就可知道甚麼時間要商品捕貨。物聯網的快速進步主要歸功於半導體體製程技術進步,可將晶片微縮至奈米等級,大幅降低了功耗,減少耗電量,物聯網所需的感測器使用低功耗設計,使得物聯網中的可否被廣泛運用的關鍵因素。

物聯網結合人工智慧英文簡稱(AIoT),物聯網負責資訊收集,配合人工智慧(Artificial Intelligence) 技術來分析這些資料然後做出聰明的決策,再回傳給 Iot 物聯網裝置,使物聯網更聰明、準確、精密的輸出到端點,提供使用者的需求,這也是人工智慧強大之處可以強化物聯網,使得人類生活更便利更智慧,在工業上提升生產效率降地成本。

###  13.1.2 物聯網如何實現

物聯網裝置要能實現應具下列幾個要項,如圖 13.1 所示:

1. 智慧裝置（包含感測器輸入與致動器輸出）
2. 雲端系統（公有雲與私有雲）
3. 物聯網應用程式（根據雲端中心資料撰寫使用者應用程式）
4. 使用者人機介面（決策者做為更精準判斷與觀察）

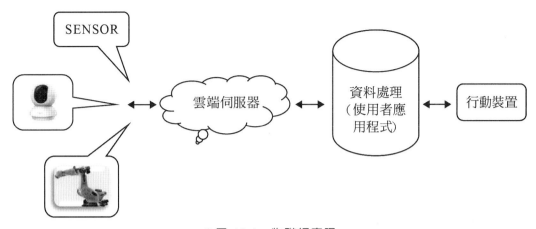

○圖 13.1　物聯網實現

　　我們舉一個物聯網裝置範例，智慧型監視器或攝影機，如圖 13.2 物聯網裝置架構組成所示，在 3C 商店都可買到各種廠牌的智慧型攝影機，如圖 13.3 所示智慧型網路攝影機，智慧型攝影機裝置除錄製與遠端監看畫面功能外，還可以遠端控制上下左右轉動鏡頭、可以發出聲音的警報器及喇叭，攝影機就是輸入感測器，轉動鏡頭的馬達、警報器及喇叭就是輸出致動器，物聯網有一個重點必須有聯網能力，因此智慧型監視器具備 Wi-Fi 連線功能，要整合這些輸入與輸出動作與連線功能必須有應用程式，使用者必須使用人機介面軟體才能與智慧型監視器溝通，通常製造商會提供行動裝置 APP 或 PC 版程式給使用者下載操作使用。

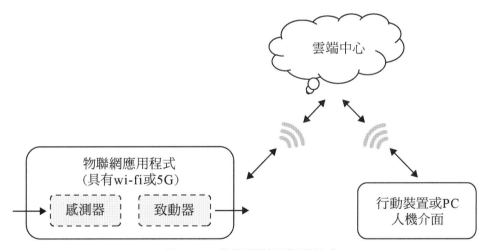

○圖 13.2　物聯網裝置架構組成

○圖 13.3　智慧型網路攝影機

 ## 13.1.3　物聯網應用範圍

　　物聯網的應用非常廣泛，如圖 13.4 物聯網應用，並快速地應用於我們生活與工業上，我們依應用領域加以分類在下列各領域的應用：

○圖 13.4　物聯網應用

## （一）物聯網在公共領域的應用

### 1. 智慧交通

　　可以透過攝影機收集交通流量資訊運用，人工智慧演算判別來控制交通號誌，讓交通更為順暢。利用 GPS 定位系統，查看公車行駛位置來判定公車到站時間，這個案例在許多公車站牌上都可以看到，讓乘客了解公車到站時間。

## 2. 環境監測

利用對環境空氣品質監測感測器，如 PM2.5 感測器，將收集資訊傳回控制中心，在許多的應用場合，尤其許多學校都設有可以偵測 PM 值的感測器，作為學生是否要戴口罩依據。目前環境物聯網的應用初步以汙染熱區分析及智慧環保稽查為主，參考先進國家的智慧城市規劃，已將環境微型感測器的監測數據應用於健康防護、運輸路線等，透過大數據分析及預警機制來減少民眾暴露在不良的空氣品質中。

## 3. 智慧電表

現在的居家電表是類比式電表，必須人工抄表記錄用電數據，智慧電表為具備通訊功能的現代化電力量測設備，能夠將您每日居家用電度數，透過通訊系統定期回傳到台電公司後台資訊系統，不需人工抄表紀錄用電數據。如圖 13.5 所示智慧電表架構（資料內容取自台灣電力公司）。智慧電表透過通信系統傳回台電公司之用電數據，我們可使用台灣電力 APP，得知家庭用電資訊，並可透過與過去用電量進行比較，隨時提醒自己用電行為是否正常，有效幫助我們養成節電習慣。（資料內容取自台灣電力公司）

智慧電表　　通信系統　　資料管理

用戶住家　　　　　　　　　　　　　　　　　　電力公司

○圖 13.5　台灣電力公司智慧電表架構

# （二）物聯網在農業領域的應用

## 1. 智慧農業

物聯網快速發展與應用，在農業應用上，影響植物生長的主要因素，不外乎大氣環境與土壤特性有關，具有物聯網的大氣環境因素與土壤特性感測器也發展非常迅速，這些感測器的包含括光、大氣壓力、大氣溫度、大氣濕度、照度、光輻射、二氧化碳濃度、土壤溫濕度、土壤含氧量、土壤酸鹼

度、風速及風向等感測元件。藉以判斷適合播種農作物依據。如圖 13.6 土壤溫度與水分感測器、圖 13.7 土壤含氧量感測器與圖 13.8 土壤含酸鹼值感測器。

○圖 13.6　土壤溫度與水分感測器

（圖片取自九德電子）

○圖 13.7　土壤含氧量感測器

（圖片取自九德電子）

○圖 13.8　土壤含酸鹼值感測器

（圖片取自九德電子）

### 2. 動物標誌物聯網

　　畜牧業如豬、牛、羊等，已有許多新創公司投入動物物聯網領域，在牛隻脖子上配上可穿戴裝置，可以 24 小時不斷收集偵測牛隻體溫、頭部姿勢、活動與時間等，通過乳牛日常行為，幫助農場主人得到更佳的養殖乳牛，透過資料的收集可以告訴農場主人牛隻的異常與健康狀況，以增加產量。如圖 13.9 可穿戴裝置。

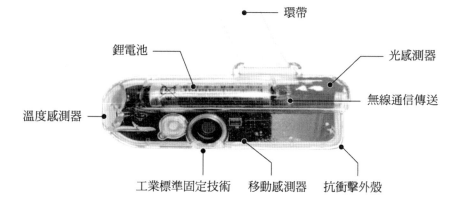

○圖 13.9　可穿戴裝置（圖片取材從 Merck & Co., Inc., Rahway, NJ, USA）

環帶

鋰電池　　　　　　　　　　　　　　　　光感測器

　　　　　　　　　　　　　　　　　　　無線通信傳送

溫度感測器

工業標準固定技術　　移動感測器　抗衝擊外殼

## （三）物聯網在消費領域的應用

### 1. 智慧居家

　　許多人在家中裝許多感測測，諸如溫度計、PM2.5、防盜系統感測器、智慧開關、智慧冰箱、智慧冷氣、智慧攝影機等，有些感測器有傳送器（無線網路或有線網路），有些必須是透過藍芽、Zigbee 等無線通信協定收集資料，最後都要透過 Internet 來傳送資料，智慧居家可以透過手機 APP 來控制監視遠端智慧開關作動、防盜系統狀態與回應、智慧攝影機影像與設定、冷氣機溫度設定與啟動及智慧冰箱有哪些食物等。

### 2. 遠端醫療

　　最具代表性物聯網裝置就是智慧手錶，APPLE WATCH（Esim 功能）當你跌倒時，你沒有回應，手錶可以自動撥號求救電話，也可偵測心跳與血氧濃度，幫助醫生遠端監控病患。利用手機視訊診斷醫療也是物聯網的應用。醫院使用氧氣系統就有氧氣儲存槽，當氧氣不足時該系統就可以利用氧氣儲存槽壓力傳送器物聯網裝置，自動通知氧氣供應商補充氧氣，如圖 13.10 差壓式壓力傳送器，此差壓式壓力傳送器具有 Wi-Fi 功能，可透過該廠商提供 APP 使用手機監控壓力大小。

○圖 13.10　差壓式壓力感測器

### 3. 智慧購物

在國外大型購物商店，只要推著智慧購物車把商品透過購物車掃描條碼，顯示幕顯示商品數量金額與總價，若要秤重商品，購物車也有磅秤，購完物品後在購物車上插入信用卡即可完成購物，直接走出大門，可以節省人力與時間，智慧購物車就是一個物聯網裝置，有感測器如掃描條碼機、磅秤及近程信用卡讀卡機，所有商品資訊透過無線網路進入後台雲端系統處理，如圖 13.11 智慧型購物車。

○圖 13.11　智慧型購物車（圖片取自 Amazon Dash Cart 智慧購物車）

## （四）物聯網在企業領域的應用

### 1. 物流監控

由於 RFID 與 QR CODE 技術發展使得物流業者商品管理更為進化，大型物流業者具備倉儲管理系統，面對複雜、多樣商品，如何提升管理效率，將是物流業者必須注重的主題，智慧型物流系統從進貨、揀貨、盤點、出貨到物流車運送都能即時監控與管理，以提升物流管理競爭力，所有管理配合物聯網功能將能大大提升作業效率，物聯網後台的管理能夠透過手機、平板或電腦顯示幕有效管理與監控整個物流行為。

### 2. 工業 4.0

工業 4.0 必須具應用物聯網技術，為達生產自動化，從生產設備必須應用各種類型感測器，如 RFID 辨識技術、各種定位感測器、紅外線感應、光線掃描等技術，連結所有設備，生產設備之間必須訊息能夠交流，以建立智

慧識別、定位管理的工作系統。而這種的技術僅是實現工業 4.0 的基礎，有助於提升生產力及加快生產效率的進行。人工智慧物聯網屬於工業 4.0 的核心技術之一，在物聯網的技術基礎上再加上一項人工智慧的技術來增強物聯網的裝置，使生產能夠將收集到的資料做進一步的分析來進行生產流程的改善與預防性的維修，以提升生產效率與產能。

## 13.2 汽車自動駕駛感測器原理介紹

### 13.2.1 汽車自動駕駛的目的

汽車自動駕駛目的不外乎是讓駕駛者變為乘客，乘客只要輸入目的地，車輛透過 GPS 定位即可行進到達目的地，目前國內外各個車廠或研究機構都致力於發展無人車輛駕駛的研發與測試，要能達成無人駕駛的車輛，就必須用許多的感測器，人類用眼睛、手腳與大腦控制車輛行進，這些人類感官的偵測及作動，將用感測器配合控制系統與致動機構來完成自動駕駛。

由於半導體技術進步，加上 5G 行動數據的優點，加速自動駕駛的發展，自動駕駛車的原理乃利用雷達、超音波、光達、GPS 及影像視覺等技術，如圖 13.12 先進車用感測器位置圖，感測車輛周遭環境狀況，透過控制系統，將感測資料轉換成適當的導航道路，控制車輛的安全作動與行徑，讓車輛自動到達設定的目的地。

○圖 13.12　先進車用感測器圖

## 13.2.2　汽車自動駕駛所使用感測器

現代先進的車輛系統，根據美國汽車工程師協會 SAE(Society of Auto-motive Engineers)，從車輛輔助駕駛到無人駕駛分為六個等級( Level 0 ~ Level 5)，現今的購買的汽車大部分都具備 Level 2 等級，一般稱為 ADAS 系統(Advanced Driver Assistance Systems)，它是輔助汽車駕駛人提供車輛的工作狀況與車外的行駛環境變化等資訊，包括主動車距控制巡航系統(Adaptive Cruise Control System；ACC)、盲點偵測系統(Blind Spot Detection System；BSD)、汽車防撞系統(Collision Avoidance System)等基本功能。下文針對先進汽車系統所使用感測器作介紹，例如雷達、光達、GPS、攝影鏡頭：

## （一）雷達

車輛雷達裝置的地方分別在車輛前置雷達、車輛左右旁置雷達及車輛後置雷達，前置雷達主要偵測與前方車輛或障礙物的距離、方位角、速度、加速度等資訊，作為主動車距控制巡航系統之判斷依據，左右旁置雷達主要偵測車輛左右或障礙物的靠近，如車輛盲點偵測系統就是使用左右旁置雷達，車輛後置雷達主要偵測車輛倒車時是否有障礙物或後方車輛靠近時發出警報聲提醒駕駛者注意。因此前置雷達要求精確度與準確度較後方雷達來的高，使用等級也不同。

車用雷達波長與頻率指的是介於波長 1~10 毫米，頻率在 30~300GHz 之間的毫米波，由於它在天氣環境險惡條件下有優異的穿透表現（例如大霧或大雨條件下），近年來被廣泛用先進駕駛輔助系(ADAS)的應用，車輛主要波段頻率，包含 24GHz、38GHz、60GHz、77GHz、79GHz 等頻率，不同頻率大小偵測距離大小也不同，所以應用在車輛位置也不同。目前的主流則鎖定在 76~77GHz 頻率，如圖 13.13 的 77GHz 前置雷達，現今的車用雷達收集更多的資料點，並利用這些資料點進行辨別處理，4D 成像雷達將生成一個逐點影格監測的真實點雲，可以獲得目標的相對位置、距離和速度，並有助於對目標辨別。

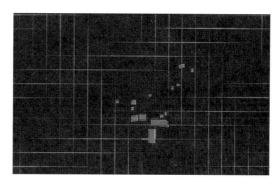

○ 圖 13.13 77GHz 前置雷達（左）與逐點影格（右）

　　車輛雷達主要原理具有發射與接收天線射頻電路與信號處理等部分，從發射端固定頻率發射毫米波，當毫米波打到車輛或障礙物時，會反射不同頻率毫米波至接收端雷達，可以計算出距離，當車輛前置雷達發射毫米波到前方車輛時，會反射回波至前置雷達車輛接收端，因前後車輛為相對運動，當前方車輛速度加快時，回波接收頻率變小，當前方車輛減速時，回波接收端頻率變快，因此頻率大小與兩車輛相對速度成比例關係，這就是都普勒效應，如圖 13.14 車輛加減速回波頻率。

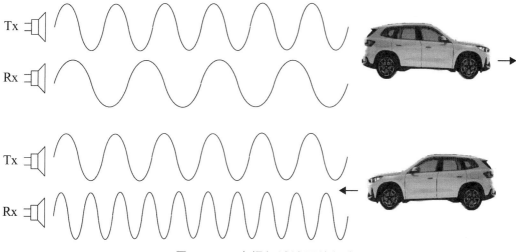

○ 圖 13.14　車輛加減速回波頻率

## （二）光達(LiDAR)

LiDAR 是 Light Detection And Ranging（雷射探測與測距）的縮寫，可說是進化版的雷達，雷達使用毫米波，而光達使用波長較短的雷射光，由於發出去的光變成能量較集中且波長比較短的雷射，因此光達有著比雷達有更好的解析度，例如紅外線雷射光照射物件，透過光學感測器捕獲其反射光來測量距離的量測方法。也被稱為 Laser Imaging Detection And Ranging（雷射成像偵測與測距），通常以脈衝狀近紅外雷射照射對象物，測量光線到達對象物並反射回來的時間差。如圖 13.15 光達系統圖。

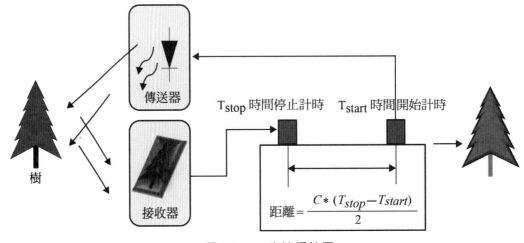

○圖 13.15 光達系統圖

雖然目前市面上配有光達的自動駕駛量產車輛很少，價格較高，在應用上較不普及，比較有名的如奧迪 A8，採用 905nm 紅外線邊緣發射雷射器和雪崩光電二極體（Avalanche Photodiode 雪崩光電二極體 APD）。LiDAR 與 4D 雷達相似，紅外線光從目標反射回來，可以測量發射和接收的時間差，借助影格即可重建 3D 場景。

## （三）車用攝影機

先進車輛系統除了使用雷達、超音波、光達外必須使用需多個攝影鏡頭，才能完成輔助駕駛功能，諸如倒車顯影、環景畫面、前方顯影、透視顯影等功能，Subaru 車輛使用兩個至三顆前射像鏡頭，加入影像技術演算法、人工智慧等技術來判別前方車輛距離、障礙物、行人、機車或腳踏車等判別做出車輛行駛安全輔助。

## 13.3 無人機原理與應用感測器

### 13.3.1 無人機原理

　　無人機原理利用馬達帶動螺旋槳產生向上升力，當向上升力大於無人機重量時，無人機向上升空，當向上升力小於無人機重量時，無人機向下降，當升力等於無人機重量時，無人機靜止，一般設計上有四個螺旋槳，如圖 13.16 無人機示意圖，四個螺旋槳中，兩個螺旋槳順時旋轉如 P1 及 P3，另兩個螺旋槳為逆時針旋轉，如 P2 及 P4，這樣對中心軸的力矩相互抵消才會平衡，這跟直升機的原理一樣，直升機除了有螺旋槳外，尾翼必須有螺旋槳來控制直升機的平衡。無人機左邊兩個螺旋槳轉速降低（P1 及 P4），無人機往左方向飛行，同理右邊兩個螺旋槳轉速降低（P2 及 P3），無人機往右方向飛行，若對角線螺旋槳轉速降低（P2 及 P4）或（P1 及 P3），無人機順時或逆時方向旋轉，運用控制四個螺旋槳轉速就可控制無人機的升降、前行或旋轉。無人機可依重量及用途分別應用於不同場合，如國防工業、農業應用、地形地貌觀察、娛樂用途等應用。無人機操作方式可從遙控器或手機 APP 顯示畫面，除此操控無人機外，還可以預設導航路線自動駕駛飛行，配合 GPS 定位功能到達預設目的地，這種實現可用於物流業者透過無人機送貨。

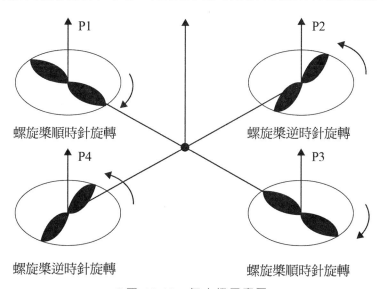

○圖 13.16　無人機示意圖

## 13.3.2　無人機使用的感應器

　　無人機從地面升起一切行為路徑都是控制四個螺旋槳速度，為了讓無人機能穩定安全移動必須使用各種感測器如陀螺儀感應器、加速度感應器、超音波感應器、氣壓感應器、磁場方位感應器、GPS 等感測器的資訊收集至控制速度單元，以控制無人機的作動。無人機感測器介紹如下：

### （一）陀螺儀感應器

#### 1. 機械式陀螺儀

　　陀螺儀英文為 Gyroscope，也稱為角速度感測器，陀螺儀早期是用於海上航行船隻航行方位角度的偵測，最早的陀螺儀包括一個巨大質量的旋轉球體，在 1817 年德國人製造的，陀螺儀是一種根據角動量守恆原理，任何一個質點系統中，如果旋轉物體沒有外力作用產生力矩作用於該系統下，則此旋轉物體有定軸特性，則系統相對於空間任意點的總角動量保持守恆，是一種用偵測與維持方向的裝置，如圖 13.17 機械陀螺儀。

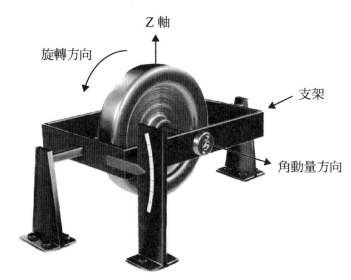

〇 圖 13.17　機械陀螺儀（取材自 https://www.youtube.com/watch?v=V6XSsNAWg00）

#### 2. 微機電陀螺儀

　　隨現代科技進步，現代的陀螺儀採用微機電系統(MEMS)技術(MEMS: Microelectromechanical Systems)，把陀螺儀原理使用微機電半導體製程技術實現，讓機械陀螺儀特性與電路信號用微機電技術製造，使得螺儀體積更小

價格更便宜，總之現在的陀螺儀應用在無人機上主要目的是可以從陀螺儀得到電的信號，如圖 3.18 的 3 軸數位輸出陀螺儀(STMicroelectronics)，是一個 3 軸角速率陀螺儀，當它繞軸逆時針旋轉時，產生正的數位輸出信號， 因此同時偵測三軸角速率的變化，可以判別無人機傾斜角度及姿態，可以用來控制無人機的穩定性，手機內也裝有陀螺儀，主要是用來檢測手機的姿態，可以應用在衛星導航、手機相機防震處理、手機搖一搖功能及體感遊戲等。

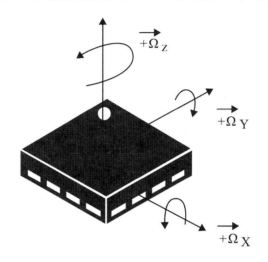

○ 圖 13.18　3 軸數位輸出陀螺儀

（圖片取自 STMicroelectronics）

### 3. 光學式陀螺儀

　　光學式陀螺儀根據旋轉物體沿中心點往外的切線速度不同，如圖 13.19 柯氏效應，若旋轉軸沒有轉動，從 A 點扔一個球到 B 點為一直線，若旋轉軸順時針轉動，從 A 點扔一個球到 B 點，會如圖 13.19 球往 C 點方向移動，這就是柯氏效應(Coriolis Effect)，只有轉動物體才會發生，光學式陀螺儀利用柯氏效應原理，如圖 13.20 光學式陀螺儀示意圖，發射端從左右兩端發射，若此物體沒有轉動，則左右發射端光束到達接收端時間相同，若物體順時針方向旋轉，如圖 13.21 所示 ，左側發射端到接收端時間較短，右側發射端到接收端時間較長(T2>T1)，利用這種時間差來判別物體方向姿勢的改變。

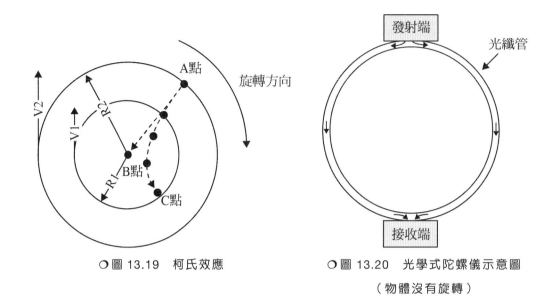

○ 圖 13.19　柯氏效應　　　　　○ 圖 13.20　光學式陀螺儀示意圖

（物體沒有旋轉）

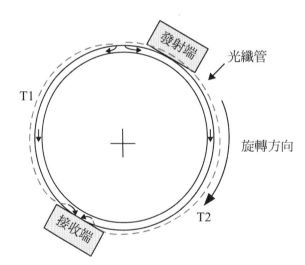

○ 圖 13.21　光學式陀螺儀示意圖（物體順時針旋轉）

## （二）氣壓感應器

　　控制無人機在不同高度必須使用氣壓感測器，氣壓感測器原理乃是偵測大氣壓力大小，根據物理特性海拔高度越高氣壓越低的特性，只要量測壓力大小就可換算得知高度，一大氣壓力等於 1013.25 百帕(hPa)，大氣壓力在同一水平面可能也會受溫度而有差異，近年氣壓感測器應用在無人機、智慧型手機、智慧手錶、電子血壓計、家電等消費市場，為了小型化、低功耗，大量導入微機電系統技術的氣壓計，如圖 13.22 壓力感測器。

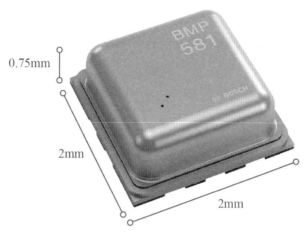

○圖 13.22　壓力感測器（圖片取材自 BOSCH）

　　可以偵測壓力範圍 300~1250 百帕(hPa)，其原理在矽基底表面貼裝感測器，包括一個矽壓阻壓力傳感元件和一個惠斯登電橋模組轉換電路，根據壓力和溫度變化產生的電壓變化轉換為數位輸出，通過 3 線接口與外部微控器通訊，一般這種微機電製造的感測器接線少，大多採用 I2C 或 SPI 通信介面與外部處理器連接。

## （三）超音波感應器

　　在無人機在起飛或降落時，距離地面高度時，無法足夠使用氣壓計來計算高度，氣壓變化太小無法準確計算出離地高度距離，因此必須利用到超音波感應器。超音波感應器原理利用發射聲波碰到地表反射波接收來計算距離，如前面章節介紹原理，在高空使用氣壓感應器，在地表附近使用超音波感應器，兩種感應器的組合搭配，便可讓無人機在每個高度區間都能維持一定高度。圖 13.23 為超音波感測器。

○圖 13.23　超音波感測器

## （四）磁場方位感應器

磁場方位感應器就是我們所說的羅盤，可感應地球的磁極，藉此了解無人機目前朝向東西南北那一個方向。如圖 13.24 Honeywell-3 軸數位羅盤感測器，是一款表面貼裝多芯片模塊，專為低功耗設計 具有數位介面的場磁感測器，適用於低成本等應用羅盤和磁力測量，可測量地球磁場在 X,Y,Z 三軸方向的原始高斯強度 (Gauss)，並可作為測量地球的磁場北極方向，由於地磁的北邊與地圖的北邊有一定差異，即磁偏角，而且隨著時間與地點的不同，磁偏角也不大一樣。因此每次換一個地方飛無人機時，就需進行羅盤校正。

○圖 13.24　Honeywell-3 軸數位羅盤感測器

## （五）GPS

全球定位系統(GPS:Global Positioning System)，又稱全球衛星定位系統 (GNSS:Global Navigation Satellite System)，是美國國防部研製和維護的中距離圓型軌域衛星導航系統。它可以為地球表面絕大部分地區提供準確的定位、測速和高精度的標準時間。GPS 主要提供飛機、船艦、車輛或個人手機等，能安全而準確地沿著所選的路線到達目的地。

環繞在地球有 6 個軌道，每個軌道上有 4 以上顆人造衛性，構成一個衛星雲層，可以有效地覆蓋整個地球，如圖 13.25 GPS 人造衛星，人造衛星發射微波，才能穿透大氣層、雲層、雨、霧、煙、塵土、大氣汙染物等，因此任何時刻都可接收至少 4 顆人造衛性信號，因此 GPS 可滿足位於全球地面任何一處或近地空間的軍事用戶連續且精確地確定三維位置、 三維運動和時間的需求。在通信上至少需其中 4 顆衛星，就能迅速確定用戶端在地球上所處的位置及海拔高度，所能接收到的衛星訊號數越多，解碼出來的位置就越精確。手機中的 GPS 模組透過衛星的瞬間位置來起算，以衛星發射座標的時間戳與接收時的時間差來計算出手機與衛星之間的距離。可運用在定位、測速、測量距離與導航等用途。

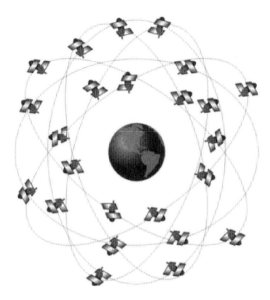

○圖 13.25　GPS 人造衛星

（取材自 Mohamed Tamazin，GNSS/INS Navigation System）

　　與車輛的導航系統及智慧型手機的位置資訊服務一樣，無人機可接收 GPS 的無線電波，藉此判斷無人機所在位置，並設定好飛行路線的經緯度自動飛行。這就是所謂的「衛星定位導航系統」，用於戶外飛行的無人機都會裝設 GPS 接收器。汽車在進入隧道後，導航功能會失效一樣，無人機使用 GPS 時也有可能會突然收不到訊號。因此，為了維持無人機的安全飛航，操控者需隨時注意 GPS 無線電波的接收狀況。GPS 定位資料的輸出格式皆使用美國航海協會（NMEA:National marine Electronics Association)的 0183 Version 2.0 ASCII 格式，其鮑率為 4800Hz，其基本輸出資料如表 13.1。

□表 13.1

| 內容 | 所描述資料 |
|---|---|
| $GPGGA | 時間、位置、定位類型數據 |
| $GPGLL | 定位和狀態的緯度、經度、UTC 時間 |
| $GPGSA | GPS 接收器工作模式，定位解決方案中使用的衛星，DOP 值 |
| $GPGSV | 視圖中的衛星數量、衛星 ID 號、仰角、方位角、SNR 值。 |
| $GPRMC | 時間、日期、位置、航向、速度數據 |
| $GPVTG | 航線，相對於地面的速度信息 |

○圖 13.26　Arduino MKR GPS　實驗版

　　以上兩種範例說明 GPS 接收器輸出格式，都是 ASCII 格式輸出，圖 13.26 Arduino MKR GPS　實驗版，提供使用者讀取此 GPS 函數庫各種功能，使用者可以很快速完成自己所需功能程式。

 **13.4** 手機感測器

 ### 13.4.1　手機感測器概論

　　現今年代幾乎人手一支手機，從早期手機只能按鍵式撥號通話功能，進步到現在的智慧型手機，手機不在只是通話功能而已，還有導航功能、玩遊戲、電子支付、水平儀、電子羅盤、偵測高度、測心跳、血氧濃度、相機、人臉辨識、手紋辨識等功能，每款手機依價格性能都有不同等級的配置，將來會有更多功能加入，這些必須依賴感測器偵測，在手機感測器內與外部都隱藏著不同功能的感測器，如圖 13.27 iPhone 13 Pro 外部感測器，圖 13.28 SAMSUNG 紅外線心跳偵測器。

前置相機　環境光傳感　點陣投影　紅外線鏡　　　　　　　　紅外線心率偵測

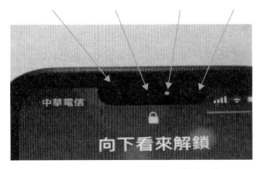

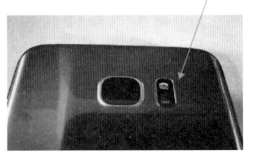

○圖 13.27　iPhone 13 Pro 外部感測器　　○圖 13.28　SAMSUNG 紅外線心跳偵測器

## 13.4.2 手機感測器介紹

### （一）環境光感測器

可以依環境亮度來改變，用來調節手機螢幕的亮度，常用的感測元件如光敏電阻、光二極體。

### （二）Face ID 原理

應用最先進的軟硬體技術，所用硬體為 TrueDepth 相機，中文名為原深感測相機，原深感測相機是由點陣投影器與紅外線攝影鏡頭組成，點陣投影器可投影超過數千個隱形的結構光點圖案打在臉部，再經紅外線攝影鏡頭擷取準確的臉部表面上的光斑圖案編碼資料，比對與原始投影光點的異同，並加以分析，進而製作臉部有深度圖像，將深度測繪圖和紅外線影像轉換為數學模式，並將此模式與已掃描的臉部資料比對，就可做手機解鎖動作。

### （三）心率與血氧偵測器原理

一般可在手腕或手指上來進行偵測血流的脈動，利用紅外線發光二極體發射在手指時，紅血球會被紅外線吸收，因此反射回來的血流越快它被吸收的比例就越高，沒被吸收的光就會反射回來，在接收端的有不同的信號大小，透過濾波電路處理後，呈現數位信號即可得到心率脈搏大小。

人體新陳代謝過程中所需要的氧，通過人體呼吸系統進入血液，再與血液紅細胞中的血紅蛋白(Hb)結合成氧合血紅蛋白($HbO_2$)，再輸送到人體各部分組織細胞中。血氧感測器所測量的就是血液中被氧結合的氧合血紅蛋白($HbO_2$)的容量占全部可結合的血紅蛋白(Hb)容量的百分比，即是血液中含氧的濃度。

如何偵測帶氧血紅蛋白($HbO_2$)及去氧紅蛋白(Hb)，利用血紅蛋白對光吸收的特性，因此血氧感測器可以利用兩個發光二極體及光接收器，兩個發光二極體分別發出不同波長的紅外線光(IR)與紅光(R)，由於紅外線光與紅光對血液中帶氧與去氧兩種血紅蛋白吸收率都不相同，利用此特性，紅外線光與紅光交替發射偵測血液中血紅蛋白，在帶氧氣的血紅蛋白能吸收比紅光較多紅外線光，去氧氣的血紅蛋白則是吸收的紅光比紅外線較多的紅光，光線反射在光接收器大小不同，利用不同血紅蛋白之吸收大小差異，計算出血氧濃

度,如圖 13.29 為血氧感測器原理示意圖,此血氧感測器還可以根據血流的脈動特性來偵測心率脈搏大小與強度。

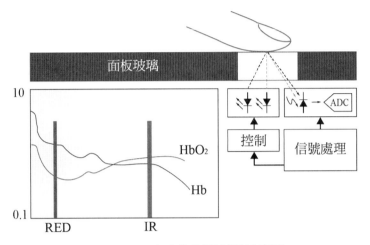

○圖 13.29  心率偵測器原理示意圖

（圖片取材自 Maxim Integrated Products, Inc.產品文件）

## （四）指紋辨識感測器

指紋辨識主要先掃描指紋路形狀,再後續影像處理比對指紋特徵點來完成指紋辨識,指紋路形狀掃描擷取方法有三種方法:

### 1. 電容式指紋掃描原理

目前主流的技術是電容式指紋感測器,其原理利用矽晶片陣列與手指接觸面產生電容效應,因指紋紋路有紋溝與紋脊在與矽晶片陣列基板接觸時,因人體帶有微電場與電容感應器之間會產生不同電荷大小輸出來判別指紋形狀,如圖 3.30 為電容式指紋掃描示意圖。

### 2. 光學式指紋掃描原理

光學指紋辨識利用發光源（發光二極體）照射在玻離棱鏡上,當手指放在棱鏡上時,將反射光折射在感光元件上,此感光元件可以是 CCD(Charge Couple Device)鏡頭或者是 CMOS(Complementary MetalOxide Semiconductor)鏡頭,在擷取感光元件的影像後再作後續數位化處理,如圖 13.31 所示光學式指紋掃描原理。

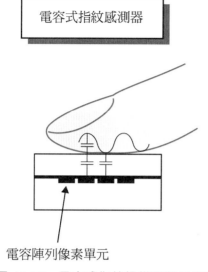

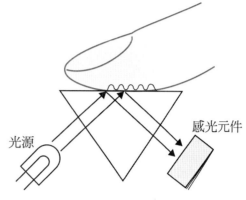

○ 圖 13.30　電容式指紋掃描原理示意圖　　○ 圖 13.31　光學式指紋掃描示意圖

### 3. 超音波指紋掃描原理

　　由於光學式掃描會因手指指紋磨損、汙漬、汗水等影響感測的指紋影像品質，因此為了改善此缺點，超音波指紋感測器就應運而生，超音波指紋感測器原理利用回波掃描技術(Echography)來感測指紋，當聲波打到指紋如圖 13.32 超音波指紋掃描原理，由於聲波打在真皮手紋上較不受磨損或沾汙影響，所得指紋影像較光學式清楚，但因體積較大、價格成本較高目前較應用較不普及。

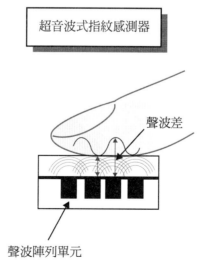

○ 圖 13.32　超音波指紋掃描示意圖

### 4. 加速度感測器

加速度原理乃利用牛頓第二運動定律 F=ma，其中 F 為對物體的作用力，使物體產生加速度 a，m 為物體的質量，如圖 13.33 物體位移方向所示，圖 13.34 物體加速度方向，將使質量 m 物體受到 kx（虎克定律）作用力使物體向上，依 F=ma 可以得到下列式子：

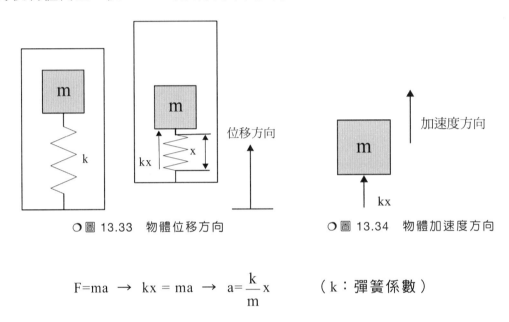

○圖 13.33　物體位移方向　　　　　○圖 13.34　物體加速度方向

$$F=ma \ \rightarrow \ kx = ma \ \rightarrow \ a=\frac{k}{m}x \qquad （k：彈簧係數）$$

只要求得彈簧位移 x 即可求得加速度 a，要得到位移 x 有許多方法如圖 13.35 電位計電壓輸出及圖 13.36 LVDT 電壓輸出，在下面兩張圖中都使用彈簧來支撐質量 m 物理會產生簡諧運動，通常會把彈簧 k2 用一個阻尼器來取代以減少簡諧運動時間，如圖 13.37 阻尼器機械系統，阻尼器是一個對速度作用下產生反作用力成正比，也就是說對阻尼器施一個 v 速度越大產生反作用力越大，通常可以用此方程式表示：$f=b\dfrac{dx}{dt} = bv$，其中 b 為阻尼係數，x 為位移。

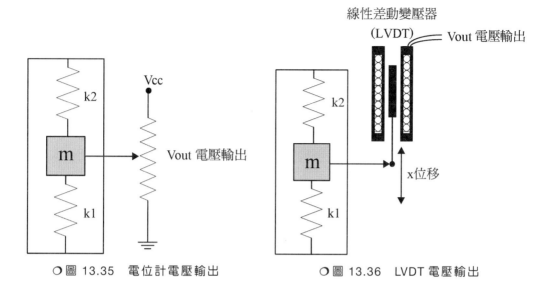

○ 圖 13.35　電位計電壓輸出　　　　　○ 圖 13.36　LVDT 電壓輸出

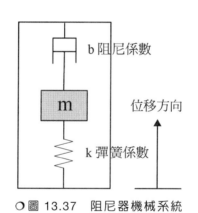

○ 圖 13.37　阻尼器機械系統

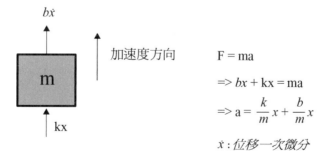

$\dot{x}$：位移一次微分可利用微分電路求得

　　現今手機加速度計大都採用微機電技術製成三軸向加速度傳送器，如圖 13.38 MEMS 電容式加速計，電容式加速計利用電容的變化來確定物體質量移動的加速度大小，這種利用電容基板之間距離隨彈簧加速度方向而變化，如圖 13.39 MEMS 電容加速計電容改變。

　　利用三軸不同加速大小，可以計算出手機相對於水平面的傾斜角度，判斷手機方位的方向及分析裝置的移動方式。在手機上常見的應用如跌倒偵測、計步器偵測及汽車安全氣囊爆裂偵測等應用。

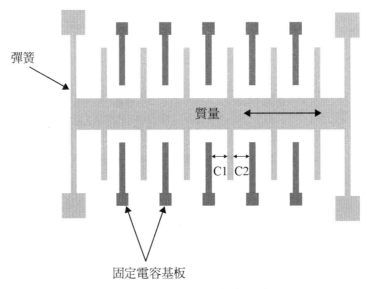

○圖 13.38　MEMS 電容式加速計

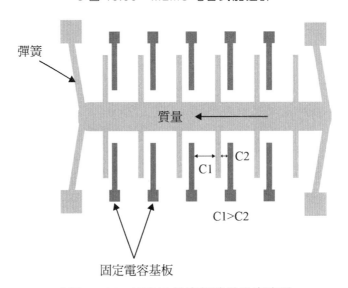

○圖 13.39　MEMS 電容加速計電容改變

### 13.4.3 手機感測器 phyphox APP 實驗介紹

有一個相當方便的手機感測器實驗軟體 APP，在 Android 手機或 iOS 系統手機都可以免費下載，APP 名稱為 phyphox，每一款手機內的感測器不盡相同，因此有些實驗無法執行，但可以利用 APP 中，設定「開啟遠端存取」功能可以在區域網域內把 IP 分享給其他人存取你做的即時實驗畫面。

執行 phyphox APP 出現如圖 13.40 所示畫面，同一個感測器可做實驗應用也不同，本書只介紹：位置(GPS)、壓力、陀螺儀、深度感測(Depth Sensor)等項目實驗介紹，其他實驗可自行參考。

○圖 13.40 首頁

1. **位置(GPS)**：進入此實驗時先開啟定位系統，如圖 13.41 所示，按上方三角箭頭開始執行紀錄，可以顯示目前手機所在位置的經緯度及高度。

2. **壓力**：如圖 13.42 所示，按上方三角箭頭開始執行紀錄，可以顯示目前手機所在高度氣壓值，單位為百帕(hPa)，若要利用大氣壓力換算成高度，可用每上升 9 公尺(m)，大氣壓力下降 100 帕(Pa)。

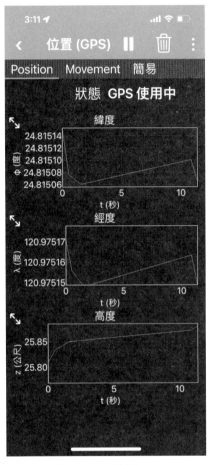

○圖 13.41　位置(GPS)

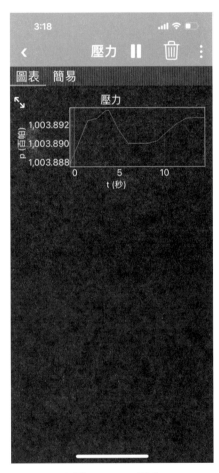

○圖 13.42　壓力

3. **陀螺儀**：如圖 13.43 所示，按上方三角箭頭開始執行紀錄，單位為弧度／每秒，可以轉動手機可以得到三軸向角速度。

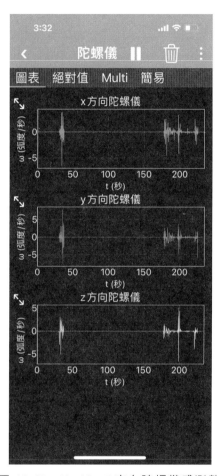

○ 圖 13.43　X、Y、Z 方向陀螺儀感測數據

4. **深度感測**(Depth Sensor)：此實驗手機必須有光達感測器，光達感測器在 iPhone 13 Pro 手機背面三顆鏡頭右下方一個圓圈的地方為光達(LiDAR) ，如圖 13.44 所示位置，按上方三角箭頭開始執行紀錄，如圖 13.45 所示，可以測得 LiDAR 鏡頭與地面距離。若手機沒有 LiDAR 鏡頭，可以開啟畫面右上方有三個直列小點選項，選取「開啟遠端存取」功能，把下方所列 ip 位址（如 http：//192.168.0.101）分享他人使用，就可得到相同實驗數據畫面。

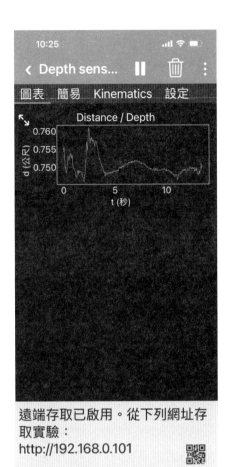

○圖 13.44　光達感測器

○圖 13.45　深度感測數據

## 習題解答

 CHAPTER *01*

1. 當受到物理量影響時，會產生電壓或電流的感測器，稱為主動式感測器，常見的例子為量測溫度的熱電偶(Thermocouple)，量測壓力或是力量的壓電元件(Pizeoelectric)，或太陽電池(Solar Cell)等。反之，若受到激源影響時，只會改變其內部特性（如電阻、電容等）的感測器，稱為被動式感測器，例如光敏電阻(Photo Resistor)、電位計等。

2. 感測器：把物理量轉換成可進一步處理的型式（機械或電氣）的一種裝置。

   轉換器：將針對特定應用所需之機械或電子設備，整合到感測器內，而構成一個單獨之裝置，此裝置即是俗稱的轉換器。

   傳送器：除了物理量擷取與信號處理之外，另外再加上傳送的功能，以便能將取得的物理量傳送到遠方。

3. (a) 8 位元 ADC，可表元 $2^8 = 256$ 個不同之值

   解析度$=50/2^8=0.8°C／位元$

   (b) 14 位元 ADC，可表示 $2^{14} = 16384$ 個不同的值

   解析度 $= 50/2^{14}=0.003°C／位元$

4. 雜訊有下列兩大來源：

   (1) 自然雜訊：例如靜電、雷電流波等。

   (2) 人為雜訊：例如配電線路、電機設備等。

   對於上述雜訊源，基本上我們無法令其消失，因此能採取的方法是避免受其影響，亦即遠離可能的雜訊來源，例如配電線路，或是大功率馬達、變壓器等重型電機設備，這些都是很大的雜訊源。另外尚可採用遮蔽(Shield)，這種方法可將雜訊阻隔在外，而不會進到感測器內部，或是傳輸線內部。除此之外亦可使用濾波器(Filter)，此濾波器可將電源之雜訊過濾掉。

5. 使用最少數量之感測器；安裝地點需易於維修及替換；感測器之壽命應盡可能的長；需注意安裝環境。

6. $C = \varepsilon \dfrac{A}{d}$，空氣的介電常數為 1，因此 $C = 1\dfrac{2}{0.1} = 20$ 法拉。

CHAPTER 02

1. 以程式器控制首先設定最高位元為 1（其餘為 0），此時若比較器輸出為正，則代表 $V_s > V_d$，此舉代表 $V_s$ 值比最高位元是 1，其餘位元是 0 的數位值還要大，所以將最高位元設為 1，否則改設為 0，接者將次高位元設為 1（以下的位元全設為 0），然後重複上面的步驟。其餘的位元則遵循上述的步驟進行，直到最低位元完成設定為止。

以 8 個位元的二進制代表 0~5V 的類比值，則每一個二進位值所能表示的類比值為 5/256V，若 $V_s$ 為 3.2V，則：

(1) 首先設最高位元為 1 其餘為 0，則 10000000 所對應之 $V_d$ =5/256×128=2.5V 小於 $V_s$，故將最高位元設為 1。

(2) 其次設定次最高位元為 1，則 11000000→ $V_d$=5/256×192=3.75V>$V_s$，故改設為 0。

(3) 其次設定下一個位元為 1，則 10100000→ $V_d$ =5/256×160=3.125V<$V_s$，故改設為 1。

(4) 其次設定下一個位元為 1，則 10110000→ $V_d$ =5/256×176=3.43V>$V_s$，故改設為 0。

(5) 其次設定下一個位元為 1，則 10101000→ $V_d$ =5/256×168=3.28V>$V_s$，故改設為 0。

(6) 其次設定下一個位元為 1，則 10100100→ $V_d$ =5/256×164=3.2V>$V_s$，故改設為 0。

(7) 所以 3.2V 對應之數位值為 10100100。

2. 計數型 A/D 轉換器中

D/A 轉換器會將計數器輸出的數位式計數值，轉換成類比值，以便饋入比較器，跟欲轉換的類比值比較。

比較器會將目前所轉換的數位值,所對應的類比值,跟欲轉換的輸入類
比值比較,用以控制計數器是否繼續計數。若目前已經轉換的類比值低
於輸入的類比值,計數器繼續計數,一旦超過,就會停止計數。

此時的計數器輸出,就是轉換後的數位值。

3. 感測器所取得之物理量的大小,例如溫度值、壓力值等,經由透過相關
原理轉換之後,會以不同的型式輸出,例如電阻值、電壓值、或是電流
值等。因此在感測器的輸入和輸出處分別使用不同的單位,前者稱為工
程單位,後者稱為量測單位。工程單位代表的是實際物理量所使用的單
位,而量測單位代表感測器所提供適合給後端信號處理單元,作進一步
處理之單位。

4. $V_0 = Ad(V_1-V_2) = Ad(1/(2+\delta) -1/2)V = 10 \times (1/(2+5/100) -1/2) \times 10 = -1.219V$

## CHAPTER 03

1. 讓兩個處於熱平衡狀態下的兩個不同物體接觸,則處於較高溫狀態下的
物體的熱量,便會流向(移動)到較低溫的物體上,直到兩者的溫度一
致為止,此即為接觸法的基本測量方法。

非接觸法的量測方法,基本上是基於任何物體均有輻射量,而且此量與
物體本身之溫度有一定的關係,因此經由測得該輻射量,即可得知物體
的溫度。

2. 兩種不同的金屬導體,把兩端結合,在其中一端加熱,便會有電流在閉
合的回路中通過,此即為席貝克效應。造成這種電流的電力稱為溫差電
勢。

根據席貝克效應做出的溫度感測元件稱為熱電偶。

3. 由表 3.3 得知 50°C 之溫度其 V=2.035mV

再將之加上表之讀值 2.035mV+18.3mV=20.335mV

由表 3.3 得知　20.335mV ≒ 391.338°C,

4. 熱電偶所產生的溫差電勢,理論上直接連接到轉換電路最為理想,然而
常因測量環境需將距離拉長,使得回路上受各種因素的干擾引起誤差,
降低準確度。解決此一問題,採用和熱電偶相同材質或溫度電勢特性極

近似之成對金屬導線（亦必須外加絕緣、被覆），以銜接熱電偶冷接點與轉換電路，並補償冷接點端子由於溫度變化所產生的誤差，此種導線稱為補償導線。

5. 在金屬中，電流是由自由電子的運動所產生的。當溫度升高時，金屬中的原子和分子也變得更加活躍，它們的熱運動增強。這導致自由電子更頻繁地與原子和分子碰撞，從而增加了電子的阻力，也就是增加電阻。

6. $R_t = R_0(1+\alpha T)$

   $150=100(1+0.0039T)$

   $T=128.2°C$

   $t=20+T=148.2°C$

7. 用於消除從 RTD 元件到信號處理元件之間連接導線，所產生的電阻效應。

8. NTC：電阻值會隨著溫度的上升而下降，也就是具有負溫度係數，一般的熱敏電阻就是指此類的元件。

   PTC：電阻值在溫度達到某一個溫度時（稱為居禮溫度）會隨著溫度的上升而急劇上升，也就是具有正溫度係數。

   CTR：具有負溫度係數，當溫度達到某一個溫度時（稱為居禮溫度），電阻會隨著溫度的上升而急劇下降。

9. 在某些應用場合，接觸式溫度量測的方法並不可行或不適用，其可能的原因：

   (1) 溫度太高。

   (2) 無法接近熱源。

   (3) 遠方測量。

   (4) 需要快速取得溫度。

10. 光學高溫計是利用輻射強度與波長的關係，將未知之高溫體與已知高溫體之顏色相比較，當完全一致時，即可認為兩者溫度相同。

11. AD590 是半導體溫度感測元件，它將感測到的溫度轉換成電流源形式輸出。AD590 具有下列的特性：

    (1) 測量的溫度範圍：55°C~150°C。

    (2) 轉換率：1μA / °K。

(3) 線性度佳。

(4) 電源電壓範圍大：4V~+30V，所加電源電壓在這範圍內，AD590 的感測特性不會改變。

12. $°F=(\dfrac{9}{5}*°C)+32=(1.8\times25)+32=77$

$°K=°C+273=25+273=298$

$°R=°F+460=77+460=537$

13. $Vo=I\times R$

$2.2\ V=1.5\ \mu A/°K\times11\ K\Omega\times T$

$T=133°C$

14. (1) 量測精度的需要。

(2) 量測範圍的考量。

(3) 量測位置及方便性的考量。

(4) 放置感測器的環境上之考量。

15. 對溫度量測造成誤差的可能來源：

(1) 感測器對熱源所造成干擾而影響溫度計本身的精度。

(2) 感測器的反應速度。

(3) 感測器安裝不當所造成之誤差。

(4) 保護管使用不當所造成之誤差

CHAPTER *04*

1. 錶壓力：以大氣壓力為零值，用以表示高於大氣壓力之壓力表示法，若以英制為例則為 psig。

真空度：以大氣壓力為零值，用以表示真空之程度，表示法是以註明真空度表之。

絕對壓力：以真空為零值，用以表示相對於真空之壓力值，表示法若以英制為例則為 psia。

2. 製程（液體或氣體）會進入布登管及風箱內部，但不會進入到膜片內部，所以不會受到製程物質影響。這是最大的不同處。

3. LVDT 基本上是一個變壓器，其中一次側為單一線圈，二次側有兩個結構與匝數完全一致的線圈，中間的鐵芯是可以移動的。

   在未受力狀態下，鐵芯是位於中間位置。二次側兩個線圈感應相同大小電壓，兩者的電壓差為零。

   當鐵芯受外力影響而上下移動，會影響二次側兩個線圈的感應電壓，兩者之間的電壓差會隨位移量變化。

   透過測量二次線圈的電壓差，可以得知位移量。

   這是 LVDT 的原理。

4. 線性可變差動變壓器是位移量測元件，在壓力量測的場合中，可以藉由取得壓力量測元件所造成之位移量，而將之轉換成電子式信號輸出，因此我們可以經由 LVDT 的位移量而求得壓力值的大小。

5. 應變計之電阻值，不只受變形之影響，同時亦會受溫度之影響，而且因為由力所造成之電阻變量不是很大，因此溫度所造成之變量就必須將之消除。作法是在電橋之另外一臂，放一個虛擬(Dummy)應變計，以補償溫度所產生的影響。

6. 因為應變計是藉由電阻的變化，來感測力的大小。但溫度也會對電阻產生影響，因此需要將溫度列入考量。

### CHAPTER 05

1. (1) 浮球式：浮在液面的浮球，隨著液面而產生上下起伏變化。藉由浮球位置而得知液位。
   (2) 玻璃管式：利用連通管原理所製成之位準指示裝置。
   (3) 氣泡式：利用背壓之方式量測，水中壓力值之大小正比於水位，量得水位底部之壓力可得到位準值。
   (4) 電極式：水具有導電性。兩根分開的電極，若沒入水中，讓兩電極形成迴路而導通，藉以得知水位高度。

2. $P = \gamma * h$

    其中：$\gamma$=表示液體之密度

    　　　h=液體之高度

    　　　P=壓力

3. 超音波位準量測最基本的動作原理，是利用音波由音源送出後到接收器收到此音波間的時間差，以測得距離。若音波之速度為 $V_s$，則物體之距離(d)為：

    $d = V_s t$

    若此位準感測器為反射型，則發射器與接收器是處於同一位置，那麼上述之式子應當除以 2（來、回各一次），才是正確的距離。

    超音波位準檢測設備之優點是與激源不接觸，因此可檢測液體、粒狀、或塊狀之物體。

4. 電極式位準量測是利用兩根電極作為量測用。在此兩電極間加入適當之電壓 V，若水位低於 A、B 電極之高度，則 A、B 之間呈現高阻抗，使得整個回路呈現開路（高阻抗）狀態，若水位高於 A、B，則 A、B 之間經由水之媒介而形成封閉之回路，而使得回路有電源通過，此為電極式位準量測之基本原理。

    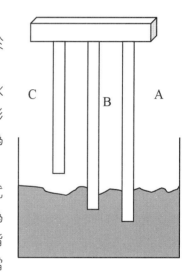

    雖然理論上電極式位準量測只需要兩根電極就足夠，然而在實用上，兩根電極的方式會因為水面之波動，而造成動作頻繁之缺失，所以皆採用三根電極式。其動作原理如右圖所示，當 A、B 間開路時（即水位低於 B），水位便持續

    上升，直到 B、C 閉合為止（水位高於 C）便停止進水，稍後當水位低於 B 時，又再度進水。在此種結構中，B、C 間之高度差即為緩衝區，可以避免抽水馬達動作頻繁之缺失。

CHAPTER *06*

1. (1)差壓式流量計；(2)變面積式流量計；(3)電磁流量計；(4)超音波流量計；(5)渦輪式流量計；(6)容積式流量計。

2. 差壓式流量計其動作原理是利用阻流設備（如流孔板、文氏管等）造成差壓，然後再用相關的定理導出流量。

   若流體流動時不計摩擦損失，則柏努利方程式指出沿著同一流線流動的流體，其動能、位能、壓能三項的總和永遠不變。

   若能在流體管線中製造出差壓，然後利用感測元件將此差壓值取出，最後在利用柏努利方程式進行運算，就可以得知流體管線中流體的流量。

3. 超音波流量計是利用音波在流體中傳播時，由於流體速度所造成的時間差，以計算出流體的速度，進而導出流體的流量。超音波流量計可以分成時間式以及都卜勒型兩種。

4. 渦輪式流量計的構造是在流體輸送管內裝設一個輪葉，輪葉受流體流動而作旋轉，其轉速與流速成正比。

   輪葉轉動時帶動一齒輪系，這齒輪系即可指示流量的大小。

   若將渦輪式流量計的輪葉連接到發電機的轉子，則可以如同電磁式流量計一般，使用法拉第感應定律以取得電壓，然後再求出流體之流速，最後配合管路截面積的運算便可以得到流量值。

   渦輪流量計在利用法拉第感應定律取得電壓值時，所使用的速度是輪葉的旋轉速度，而非流體之流速，因此需要加上速度轉換因子。

5. 電磁流量計主要是使用了法拉第感應定律(Faraday's Law of Induction)，此定律敘述：在一個磁場中(B)，若以垂直於此磁場之導體(L)，以某一速度(V)切割此磁場中之磁力線時，便會感應一個電壓(E)，其關係式如下：

   $$E = BLV$$

   在發電機中導體為電線，而在電磁流量計中，則為具導電性之流體。

1. 電位計、線性可變差動變壓器(LVDT)、光學尺、編碼器、分解器、同步器。

2. LVDT 基本上是一個變壓器,其中一次側為單一線圈,二次側有兩個結構與匝數完全一致的線圈,中間的鐵芯是可以移動的。

   在未受力狀態下,鐵芯是位於中間位置。二次側兩個線圈感應相同大小電壓,兩者的電壓差為零。

   當鐵芯受外力影響而上下移動,會影響二次側兩個線圈的感應電壓,兩者之間的電壓差會隨位移量變化。

   透過測量二次線圈的電壓差,可以得知位移量。

   LVDT 可用於量測位移、重量、壓力、距離與位準。

3. 光學尺基本的工作原理與編碼器是相同的,光學尺一般用來做直線位移的感測,因此也稱為直線式編碼器。下圖是光學尺的外型圖。光學尺是由許多固定間隔之不透光平行線所組成,而且是固定在光源和光電元件之間。當光電元件與光學尺間有相對運動時,感測元件便可測得光線明及暗之狀態,此信號可轉換成一系列之脈衝,而由於格線之間隔已知,所以只要將所取得之脈衝數,再乘以間隔(Spacing)即可得到位移值。

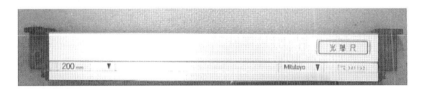

   光學尺的輸出信號為方波。

   由光線接收器 A 與光線接收器 B 的相位超前或落後,辨別出光學尺是左移或右移。

4. 旋轉編碼器係在一個玻璃圓盤上,繪出數條透光光柵,經過這些光柵的中心點所繪製的圓周,恰好是與圓盤構成同心圓。在此圓盤兩側固定一個光源與接收器。當光柵通過光源與接收器間時,光源即可透過光柵到達接收器,使接收器產生一個高電位。故當圓盤轉動時,即可使接收器

產生一連串之電壓脈衝。透過計數此脈衝之數量，即可得知轉動之角度。

輸出信號，絕對編碼器一般為以格雷碼編碼的數位信號，增量型則為方波。

使用兩組相位相差 90 度的發光與接收器，藉由觀察哪個相位領先，而得知旋轉方向。

5. 絕對型編碼器的每一個位置，都有一個唯一的編碼，因此從輸出的編碼，可以知道目前的角度。其缺點是需要有多條輸出線，例如若將編碼器切割成 128 等分，就需要 7 條輸出線。很少使用這種編碼器。

增量型編碼器，每一個光柵位置的輸出都一樣，因此無法從輸出得知目前的位置。必須配合計數輸出脈衝數，才可得知目前的位置或角度。

優點是信號線號線簡單，可以有較高解析度，是主要的編碼器形式。

6. 編碼器為旋轉元件，通常會標示稱為解析度的每轉脈衝數，例如 10~500（脈衝／旋轉），以及最大轉速，例如 5000RPM。

光學尺式量測直線位移量，通常會標示最長距離，例如 10 公尺。光柵解析度，例如 20μm，以及誤差，例如 ±5μm/m。

7. 同步器是一種機電裝置，其基本構造是由一個轉子，一組分相的定線圈，和可旋轉的輸出軸所組成，主要的功能是量測可旋轉軸之位置和角度。

分解器是一種機電裝置，其構造是由轉子和定子所組成，其中轉子有兩組互相成 90 度的線圈，而定子也有兩組互相成 90 度的線圈。

可用於測量位置資訊之外，也是有執行三角函數計算的能力。另一方面，分解器也可以將物體位置的極座標轉換成直角座標，這個過程一般稱為分解。另外分解器也可以將物體位置的直角座標轉成極座標，這個過程稱為結合(Composition)。

## CHAPTER *08*

1. 當光線撞擊到物體的表現時，物體表面會發光，而此發光的量吾人定義為照度(Illuminance)。

單位是 $lm/m^2$，每平方公尺的流明數。

2. 將點光源放置在一個半徑為 R 的球面體上，則由立體角 $\alpha$ 所形成之面積 $A=R^2$ 上的光強度定義為：

光強度 I＝光流明數 F／立體角 $\alpha$

單位為燭光。

3. 光敏電阻是一種由半導體材料所製成之電阻器，其電阻會隨照射於其上之光線而變化。

光線弱時能量低，因此光敏電阻呈現極高之電阻值；反之當光線強時呈現甚低之電阻值。藉由電阻值受光線影響而變化之情形，吾人可用之來量測光線、位置等物理量。

4. 遮斷型光電開關的投光部與接收部是分開的，兩個分處在不同的位置。在正常之下投光部所發出來的光線，可以正常地入射到接收部，使得接收部可以得到輸出信號。當被測物進入偵測範圍時，會將投光部所發射出來的光線遮住，使得接收部無法接收到由投光部所送來的信號，因此可以得知已經有被測物進入感測範圍之內。

遮斷型光電開關一般是用於安全或是保全的監視之用。

光耦合器是將發光二極體(LED)與光電晶體置於同一個封裝內，作為一種開關用途。這種組態在工業界中使用非常的廣泛，尤其在有雜訊干擾的場合更是常用。

反射型光電開關是將投光部與接收部放在同一個封裝之內。在正常之下，投光部所發射之光線無法反射回接收部，因此在接收部上沒有信號。當有物體進入量測範圍時，投光部所發射之光線可以經由這一個物體的反射到接收部，使得接收部可以得知有物體進入偵測區域之內。

反射型光電開關使用最廣泛的地方是自動門。

 CHAPTER 09

1. 高頻型近接開關主要是利用渦流效應所製作的近接開關。

將導線環繞鐵心成線圈狀，並通以高頻的電流。

當有導體接近鐵心時，在導體上面會產生渦流，此電流的大小和通過導體的磁通成正比。而此渦流會讓磁通的變化受到阻擾。

當線圈越接近導體時，渦流也會變得越大，同時磁通的變化量也會變大，高頻型近接開關就是利用這一個磁通變化的情形，而檢測出物體的存在性。

2. 電容型近接開關是利用在高頻電場中，所引起之分極現象，導致電容量的變化，而偵測出物體的存在。

3. 磁簧開關是將軟質強鐵磁性材料封入到玻璃管之內，在玻璃管之內只封入少數的惰性氣體。

當磁簧開關位在磁鐵的磁力線範圍之內時，磁簧開關內的兩片開關接點會被磁化，當開關內的接點片磁化後的磁力大於機械的彈力時，兩片開關接點便會閉合，而使得電路導通。這是磁力型近接開關基本原理。

4. 高頻型近接開適用於偵測可以產生渦流的物體。

電容型近接開關可以適用於任何介電物質的偵測。

5. 一般在氣壓缸內，可作動的部分加上磁鐵環，在氣壓缸外側，想要偵測的位置安裝磁簧開關。

當氣壓缸受氣壓作用而移動，當磁鐵部位進入開關感測範圍，便會讓其作動，因而得知其位置。

 CHAPTER **10**

1. 電流通過不同導體組成的迴路時，除產生熱之外，在不同導體的接頭處，隨著電流方向的不同，會出現吸熱與放熱情形，吸熱端會讓溫度降低，此稱為帕爾帖效應(Peltier Effect)。

2. 氣壓與水汽含量保持不變下，若溫度逐漸降低，直到空氣中水汽含量達到飽和，凝結為水滴時的溫度稱為露點(Dew Point)。

3. 電阻式濕度計的優點之一是其簡單且相對低成本的工作原理。然而，它可能會受到溫度變化的影響，因為溫度也可能影響敏感材料的電阻值。因此，一些電阻式濕度計可能需要校正或補償以確保準確的濕度測量。

4. (1) 不受測量對象電特性（例如 pH）的影響。

(2) 可以進行非破壞性測量。

(3) 測量時間短（幾秒）。

(4) 測量不影響量測物體。

## CHAPTER *11*

1. 焦電(Pyroelectricity)是一種物理現象，某些特定的結晶或材料在溫度變化時會產生電荷或電位差改變。這種效應通常與結晶結構中的不對稱性有關，當溫度改變時，結晶中的電荷分佈也會發生變化，進而產生電荷。利用這種原理製成的感測器稱為焦電式感測器(Pyro-electric Infrared Sensor)。

2. 兩個極板間填充介質構成電容，若兩個極板間的間距夠大，可以塞入人體，自然會影響極板間的電容量，這是電容式人體偵測的基本原理。

   當人接近已經建立電容的極板附近，會造成電容發生變化。

3. 場效應電晶體(FET:Field-Effect Transistor)是一半導體元件，可作為類比元件的放大器，或數位元件。

   通過改變閘極電壓，可以控制源極(Source)和漏極(Drain)之間的電流流動。當今主流半導體元件金屬氧化物半導體場效應電晶體(MOSFET:Metal-Oxide-Semiconductor Field-Effect Transistor)也是一種 FET。

   FET 基本操作方式，透過調整閘極(Gate)電壓，控制源極(Source)和洩極(Drain)之間的電流流動。

   靜電也可以改變閘極的行為，進而影響源極與洩極，這是偵測靜電存在的基本電路。

國家圖書館出版品預行編目資料

感測器原理與應用（含實驗）/羅仕炫, 林獻堂編著. --
二版. -- 新北市：新文京開發出版股份有限公司,
2024.02
　　面；　　公分

ISBN　978-626-392-005-7（平裝）

1.CST：感測器

440.121　　　　　　　　　　　　　　　112022921

## 感測器原理與應用（含實驗）（第二版）　　（書號：C094e2）

| | |
|---|---|
| 編 著 者 | 羅仕炫　林獻堂 |
| 出 版 者 | 新文京開發出版股份有限公司 |
| 地　　址 | 新北市中和區中山路二段 362 號 9 樓 |
| 電　　話 | (02) 2244-8188（代表號） |
| Ｆ　Ａ　Ｘ | (02) 2244-8189 |
| 郵　　撥 | 1958730-2 |
| 初　　版 | 西元 2003 年 03 月 30 日 |
| 初版二刷 | 西元 2006 年 01 月 20 日 |
| 二　　版 | 西元 2024 年 02 月 15 日 |

新文京開發出版股份有限公司

NEW
WCDP

新世紀・新視野・新文京 ─ 精選教科書・考試用書・專業參考書